"十三五"国家重点图书出版规划项目

画说三农书系

画说棚室韭菜绿色生产技术

中国农业科学院组织编写

祝海燕　编著

中国农业科学技术出版社

图书在版编目（CIP）数据

画说棚室韭菜绿色生产技术 / 祝海燕编著 . —— 北京：中国农业科学技术出版社，2019.1

ISBN 978-7-5116-3786-4

Ⅰ . ①画… Ⅱ . ①祝… Ⅲ . ①韭菜－温室栽培－图解 Ⅳ . ① S626.5-64

中国版本图书馆 CIP 数据核字 (2018) 第 156686 号

责任编辑	闫庆健　王思文
责任校对	李向荣
文字加工	鲁卫泉

出 版 者	中国农业科学技术出版社
	北京市中关村南大街 12 号　邮编：100081
电　　话	（010）82106632（编辑室）（010）82109702（发行部）
	（010）82109709（读者服务部）
传　　真	（010）82106650
网　　址	http://www.castp.cn
经 销 者	各地新华书店
印 刷 者	北京富泰印刷有限责任公司
开　　本	880mm×1230mm　1 /32
印　　张	4.5
字　　数	110 千字
版　　次	2019 年 1 月第 1 版　2019 年 1 月第 1 次印刷
定　　价	30.00 元

编委会

《画说『三农』书系》

序言

《画说『三农』书系》

农业、农村和农民问题，是关系国计民生的根本性问题。农业强不强、农村美不美、农民富不富，决定着亿万农民的获得感和幸福感，决定着我国全面小康社会的成色和社会主义现代化的质量。必须立足国情、农情，切实增强责任感、使命感和紧迫感，竭尽全力，以更大的决心、更明确的目标、更有力的举措推动农业全面升级、农村全面进步、农民全面发展，谱写乡村振兴的新篇章。

中国农业科学院是国家综合性农业科研机构，担负着全国农业重大基础与应用基础研究、应用研究和高新技术研究的任务，致力于解决我国农业及农村经济发展中战略性、全局性、关键性、基础性重大科技问题。根据习总书记"三个面向""两个一流""一个整体跃升"的指示精神，中国农业科学院面向世界农业科技前沿、面向国家重大需求、面向现代农业建设主战场，组织实施"科技创新工程"，加快建设世界一流学科和一流科研院所，勇攀高峰，率先跨越；牵头组建国家农业科技创新联盟，联合各级农业科研院所、高校、企业和农业生产组织，共同推动我国农业科技整体跃升，为乡村振兴提供强大的科技支撑。

组织编写《画说"三农"书系》，是中国农业科学院在新时代加快普及现代农业科技知识，帮助农民职业化发展的重要举措。我们在全国范围遴选优秀专家，组织编写农民朋友用得上、喜欢看的系列图书，图文并茂展示先进、实用的农业科技知识，希望能为农民朋友提升技能、发展产业、振兴乡村做出贡献。

中国农业科学院党组书记 张合成

2018 年 10 月 1 日

内容提要

《画说棚室韭菜绿色生产技术》

本书以图文并茂的形式详细介绍了韭菜的形态特征和生长发育的环境条件，并系统介绍了棚室韭菜栽培的关键技术。内容包括：韭菜栽培的生物学基础，韭菜常用栽培设施的建造，韭菜的品种选购与优良品种介绍，设施韭菜如风障畦韭菜栽培、小拱棚韭菜栽培、大棚韭菜栽培、韭黄栽培等栽培管理技术，韭菜常见病虫害的识别与防治，韭菜的采后处理、贮藏和运输等。该书对韭菜生产管理的关键技术及常见病虫害的为害症状都配有图片，并在生产及病虫害防治中提供了绿色栽培及绿色防治的关键技术，体现了图说及绿色生产的特点。本书通俗易懂、易于掌握，适合韭菜种植人员、农村工作指导人员、农技推广人员及农业院校相关专业师生参考阅读。

《画说棚室韭菜绿色生产技术》受到了潍坊科技学院和"十三五"山东省高等学校重点实验室设施园艺实验室的项目支持，在此表示感谢！

目 录

第一章　绪　论

韭菜，百合科韭菜属多年生宿根草本植物，原产于中国。韭菜有"绿色蔬菜之王"的美称，含有丰富的纤维素，以鲜嫩的叶、花、花茎（韭薹）为食用器官。

韭菜营养丰富，富含粗纤维，并有医疗价值。含特殊挥发性香辛物质——硫化丙烯，具增进食欲、通肠作用。《本草集注》"生则辛而行血，熟则甘而补中，益肝、散滞、导瘀"。韭菜适应性强、产量高，栽培广泛。

第一节　韭菜名字的由来

据说，在一次大战中，刘秀兵败，军队溃散，官兵死伤大半，纷纷四处逃亡。逃跑中的刘秀慌不择路，策马狂奔了一天一夜，来到一处村寨即亳州泥店村。他饥渴难耐，便向一家茅庵，伸手叩门，说明来意。茅庵主人夏氏老汉闻声相迎，见刘秀银盔银甲，相貌堂堂，觉得此人非同一般，就把刘秀扶进庵中，可因家中贫穷，少饭无菜，夏老汉便到庵外割野菜烹调让刘秀充饥。饥不择食的刘秀一连吃了三碗野菜，方缓过神来，便问老汉这么好吃的菜是什么菜，夏老汉如实回答，刘秀便说既然是无名野菜，今天它救了我的命，就叫它"救菜"吧。随后刘秀问过老汉住址、姓名，谢过之后便告辞了。

后来刘秀称帝，天下太平，一日他忽想起泥店"救菜"，便命人前去采割，并命御厨煎炸烹炒，觉得味道更加可口，便封夏氏老汉为"百户"，封地千亩，专门种植"救菜"，送皇宫食用。后来经御医反复研究，发现泥店"救菜"具有清热、解毒、滋阴、壮阳和增进食欲等多种功效。刘秀得知"救菜"具有这些营养成分和功效后，更加爱吃，因觉"救菜"的"救"作为菜名不合适，又因"救菜"是一种草本植物，便专门为"救菜"的"救"造一个字"韮"，于是"救菜"就更名为"韮菜"（"韮"被后人简化为"韭"），从此"泥店韭菜"便成了帝王御用之菜名传于世。

第二节　韭菜的起源与传播

韭菜在我国不仅栽培广泛，而且历史极其悠久，经有关部门考察，野生韭菜几乎遍及全国，在青藏高原还有大面积的野韭菜地。公元前11世纪西周时代《诗经》上载："四之日其蚤，献羔祭韭"。《尔雅》称"一种而久者，故谓之韭"，《夏小正》载"正月囿有韭"，由此可以证明韭菜在我国已有3 000年以上的栽培历史，是广大人民喜食的蔬菜之一。《汉书补遗》上在"循吏使"召信臣传一章记载"自汉世大官园冬种葱韭菜茹，覆以屋庑，昼夜烘蕴火，得温气乃生"。此为世界上关于温室栽培蔬菜的最早记录。《说文》一书认为韭为象形字，意味着有文字以前即有韭。南北朝时，南齐文惠太子问名士周"菜食何味最胜"，答曰"春初早韭，秋末晚菘"。杜甫诗云："夜雨剪春韭，新炊间黄粱"，《齐民要术》"畦欲极深，韭一剪，一加粪；又根性上跳，故须深也"。说明对韭菜的特性已了解。

在栽培方面，在2 000多年前的汉朝，我国就已经发明了利用温室生产韭菜的技术，在宋代开始韭黄生产，清朝中期开始出现利用风障畦进行韭菜栽培的技术。至今，韭菜在全国各地普遍种植，常年栽培面积可达到菜田总面积的5%~6%。东至东南沿海各省市，西至西藏自治区、新疆维吾尔自治区各偏远地区，南全云南、海南等地，北至黑龙江、内蒙古自治区等地，随处可见到韭菜栽培。其中，河北、河南和山东是最大的种植区，有几十个种植规模超过1万亩（1亩≈667平方米。全书同）的韭菜生产基地，甚至在青藏高原还有大面积的野生韭菜地。

韭菜在中国种植的同时，也逐渐走向世界。公元9世纪传入日本，此后逐渐传入全世界。东至美国的夏威夷等地，北至朝鲜、库页岛，南至越南、泰国、柬埔寨等均有韭菜栽培。目前，随着我国与国际社会交流的日渐频繁和蔬菜出口的发展,韭菜也正在走向国际市场。

第三节　韭菜的营养价值

韭菜是一种柔嫩香辛类蔬菜,风味鲜美、味道辛辣,可以炒吃、凉拌吃、做汤吃,尤其北方大部分地区,喜欢用来调馅蒸包子、包饺子、烙馅饼等。

韭菜营养价值非常高,含有丰富的营养物质。据测定,每100克韭菜中含蛋白质 2.7 克、脂肪 0.2~0.5 克、碳水化合物 2.4~6 克、膳食纤维 1.2 克。含有大量的维生素,如胡萝卜素 1.37 毫克、维生素 A_1 0.1 毫克,维生素 B_2 0.14 毫克,维生素 C 25 毫克,韭菜中含有的矿物质元素也较多,如钙 50 毫克,磷 48 毫克,铁 1.2 毫克。此外,韭菜含有挥发性的硫化丙烯,因此具有辛辣味,有促进食欲的作用。韭菜除做菜用外,还有良好的药用价值,比如补肾温阳、益肝健脾、行气理血、润肠通便,能增进肠蠕动,治疗便秘,预防肠癌等功效。

第四节　我国韭菜生产现状

近年来,韭菜在我国的生产现状发生了很大的变化。由于栽培技术的不断发展,新品种的不断推出,韭菜的种植面积和产量也大幅度提高,形成了规模较大的种植区。出现了日光温室、塑料大棚等设施栽培,实现了周年生产和季节性均衡供应,并极大促进了韭菜产业化的进程。总的来说,目前我国韭菜的生产现状有以下几个特征。

一、栽培技术不断提高

为了满足不同地区人们对韭菜消费的需求,一些新型的栽培模式不断被研发出来,塑料拱棚春提早青韭栽培技术、日光温室青韭栽培技术、拱棚韭菜越冬高效栽培技术、青韭囤栽培技术以及间作套种栽培模式。借助这些不同的栽培模式,韭菜的生产取得了很大的成功，成为一个比较理想的周年生产蔬菜的种类。

二、栽培区域不断扩大

韭菜栽培技术简单，对环境条件的要求不高，耐低温和弱光，尤其是对冬季保护地生产的环境条件有着较强的适应性和耐受能力。一些品种的地下根茎在土壤的保护下，在 −40℃的低温下也可以安全越冬。韭菜对环境条件要求不高的特点，使得韭菜在我国广大地区可以露地种植，北方冬季可以在设施内栽培。目前，韭菜的种植面积得到了快速发展，如河北乐亭、辽宁义县、山东寿光、诸城等地，均为万亩以上的鲜韭菜生产基地，皆已成为当地蔬菜产业化发展的支柱产业。

三、栽培品种不断增多

在栽培品种方面，过去我国品种皆为农家品种，以一家一户为单位的韭菜种植，留种方式也是自留种，导致品质差，产量低，品种退化和混杂现象严重，韭菜生产发展缓慢。

1979 年，河南平顶山农业科学研究所培育出了我国第一个人工育成品种 791，之后又相继育成不同类型的系列韭菜品种"平韭四号"等，这些品种在培植出来之后，迅速推广应用到全国各地。如今，韭菜的品种越来越先进，品质越来越好，产量越来越高，经济效益越来越高。

第五节　韭菜栽培前景

一、食用价值高

韭菜是一种营养价值极高的蔬菜。据分析，韭菜，韭黄和韭薹的营养价值比人们常吃的番茄、黄瓜、茄子、甘蓝、洋葱、大白菜等都高。它含有挥发性的硫化丙烯，因此具有辛辣味，有促进食欲的作用，还含有丰富的营养物质，包括多种维生素，钙、磷、铁等矿物质元素，膳食纤维及脂肪，蛋白质等，最有价值的是含有丰富的胡萝卜素与维生素 C，在蔬菜中处于领先地位。维生素 E 含量比一般食物高。因此，老人，小孩，身体羸弱者和孕妇多吃韭菜为好，可以摄取足够的维生素 E。

二、有极高的药用价值

韭菜中的硫化物具有降血脂的作用，适用于治疗心脑血管病和高血压。韭菜中含有大量的膳食纤维，可增加肠胃蠕动，使胃肠道排空的时间加快，减少致癌有毒物质在肠道里滞留及被吸收的机会，对便秘、结肠癌、痔疮等都有明显疗效。温补肝肾，助阳固精，在药典上有"起阳草"之称。还有温中行气、散血解毒、保暖、健胃整肠的功效，对反胃呕吐、消渴、鼻血、吐血、尿血、痔疮以及创伤都有相当的缓解作用。

三、栽培易成功

韭菜适应性强，对生长条件要求不严格，耐低温和弱光，特别是对冬季保护地的生产环境条件有较好的适应性和忍受能力，在保护地栽培遇有轻冻害时，即使叶尖被冻得发紫也不影响其生长，一旦温度适宜仍可恢复正常。加上近年来推广的新品种丰产性和抗性越来越突出，在露地和保护地栽培都易成功。

四、种植效益佳

韭菜种植一次，可以多次和多年收获，省工，省力。在多数地区一年之中可收获 4~5 刀，亩产量 5 000~6 000 千克，亩产值 4 000 元左右。若采用设施栽培，产值可达 6 000~8 000 元。韭薹和韭黄生产也都有较好的经济效益。

韭菜鳞茎，叶下表皮以及其他组织，都含挥发性的硫化丙烯，俗称"蒜素"，具有香辛味，除可促进食欲外，尚有杀菌防病功效，对土壤中的一些病原菌有灭杀和抑制的作用，在韭菜后茬种植的果菜类蔬菜，一般病害较轻。因此，韭菜是大多数果菜类蔬菜较好的前作。

五、有较大的市场空间

绿色无公害生产技术，特别是韭蛆防治技术的日益成熟，保证了上市韭菜的安全性，从而带动了韭菜的消费。据分析，目前的韭菜生产量还未完全满足各地城乡群众的需求，加上海外市场的不断扩大，保证了韭菜较大的发展空间。韭菜深加工的发展也为市场的扩展提供了空间。

根据市场行情调整收获时间和种植周期，韭菜可以和许多作物间作套种，进行长途运输，进行产品深加工，这些都能使韭菜产生的经济效益得到充分保障和进一步提高，最大限度减少风险。

随着塑料大棚、日光温室、遮阳网、防虫网、无土栽培等栽培设施的完善和发展，韭菜可实现周年生产，周年供应，种植韭菜前景非常乐观。

第二章　韭菜的生物学特性

第一节　韭菜的植物学特征

一、形态特征

（一）根

韭菜的根为弦线状须根，在一年生的植株上（即在播种的当年）着生在鳞茎的茎盘的基部（图2-1）。从生长的第二年开始，茎盘基部不断向上增生，逐渐形成根状茎，新的须根就着生在茎

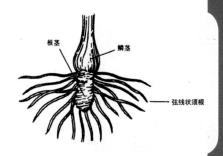

图 2-1　韭菜根系

盘及根状茎上。韭菜是多年生植物，其根状茎随着年龄的增加，逐年向上延伸，老的根状茎逐渐解体腐烂，新根不断增生，而分蘖成新株的根状茎都在原根状茎的上部，其新生根系位置也高于原根状茎上的根系，所以形成根系逐年上移的现象，即"跳根"，跳根是韭菜的一个重要特点。生长上针对跳根，要适时培土，保护根系生长。韭菜根分枝力弱、根毛少，所以吸收面积小，吸肥力弱，故对土壤营养要求很高。

（二）茎

韭菜的茎有营养茎和花茎两种。1~2年生的营养茎短缩呈盘状，但随着株龄增加和分蘖，营养茎不断向地表延伸成根状茎（图2-2）。根状茎

图 2-2　韭菜营养茎

是韭菜叶片和新根的分生器官和冬季贮藏养分的重要器官。韭菜容易发生分蘖，分蘖是韭菜的一个重要生物学特性。分蘖是指靠近生长点的上位叶腋形成蘖芽，蘖芽和原有植株包被在同一叶鞘内，当蘖芽原基不断增粗、长大，胀破叶鞘形成分蘖的同时也分化形成自己的根系，最后分蘖形成有效新株。分蘖的多少是决定产量的重要因素之一。春或夏季播种的韭菜，当长有 5~6 片叶时，即开始发生分蘖（株）。以春季和夏季为多。韭菜的分蘖与品种、栽植密度、管理水平密切相关。一般叶片稍窄的品种分蘖能力强，宽叶韭菜则分株力稍差，一般一年分蘖 2~3 次。水分和营养充足时，一年可分蘖 4~5 次。利用分蘖的特点，韭菜可以进行分株繁殖。

花茎为顶芽发育而成，圆柱形，具有二纵棱，上有总苞（图 2-3）。花茎需要每年通过低温和长日照才能发生，而后抽薹、开花和结籽。

图 2-3　韭菜花茎

（三）叶

韭菜的叶扁平，呈带状，是韭菜的主要产品器官。由叶鞘和叶身两部分组成，簇生在根状茎顶端，每株有 5~9 片叶（图 2-4）。叶鞘所形成的假茎，经软化后，其品质比叶身鲜嫩。韭菜叶的宽度和颜色因品种而异。叶片和叶鞘的品质与温度、光照、水分及营养条件有关。韭菜叶中的营养物质可以在其枯萎时贮在叶鞘基部和根系中。韭菜之所以收割后又可生长，是由于叶鞘的基部有分生组织，不断生长。但必须注意，收割时不能太低，否则会损伤或完全破坏分生组织。

叶身

叶鞘

图 2-4　韭菜的叶

（四）花

韭菜花着生于花茎的顶端，为伞形花序，呈球状或半球状，未开放前外有总苞。韭菜花薹高为 26～75 厘米，一般抽薹 15 天左右总苞开裂，内含小花 20~60 朵，最多可达 180 朵。小花为两性花，白色、浅绿色或粉红色，虫媒花（图 2-5）。

图 2-5　韭菜的花

韭菜长到一定大小，在低温下通过春化后开始花芽分化，在高温长日照下抽出花薹。韭菜在播种当年，一般不抽生花薹，需在越冬后经过低温春化，第二年才能抽薹开花。韭菜抽薹的时间不一致，有早有晚，花期比较长。北方地区生长的韭菜，一般在 7 月开始开花，一直延续到 9 月。同一植株的不同分蘖之间的花期也不相同，年龄大的植株花期比较早，三年生植株比二年生植株的花期可提前 7 天左右。韭菜花及花薹均可食用。

（五）果实和种子

韭菜的果实属于蒴果，三棱形，内分 3 室，每室内含有 2 粒种子。室内有膜片将两粒种子隔开，当果实成熟时，韭菜种子便崩裂出来，应及时收获。

韭菜的种子体积比较小，千粒重 4~4.5 克，即每克韭菜种子有 220~250 粒。成熟的韭菜种子呈黑色，一面凸出称为背面，一面凹陷称为腹面（图 2-6）。两面均具细密皱纹。韭菜种子寿命较短，在自然条件下保存，只有

图 2-6　韭菜种子

1年左右的寿命，也就是说，头年秋季采收的种子，经过第2年的炎夏之后，大部分将会丧失发芽或者成苗的能力。因此，在没有采取特殊保存手段的情况下，生产上春季播种时宜选用当年新籽。

二、分蘖、跳跟与产量形成

（一）分蘖

图2-7 韭菜分蘖

韭菜的分蘖是由靠近生长点的上位叶腋内分化出的腋芽原基发育形成的，当蘖芽原基不断增粗、长大，胀破叶鞘形成分蘖的同时也分化形成自己的根系，最后分蘖形成有效新株（图2-7）。生长健壮的韭菜，在幼苗5~6片叶时便可发生分蘖，以后逐年进行，一般每年分蘖2~3次。韭菜分蘖能力的强弱直接影响其产量的高低，在栽培时应创造条件促进其不断分蘖和发生新根。其主要途径为：选用分蘖力强的品种或选择2~5年生的植株；在栽培管理上注意不要栽植过密、过晚，收割次数不能太多，加强韭菜的肥水管理，并及时更新复壮。尤其注意在韭菜的每年养根期和栽培期加强栽培管理。

（二）跳根

韭菜的跳根是由于不断分蘖所致。因为分蘖是在靠近生长点的上位叶腋处发生，所以，新形成的分蘖必然位于原来植株的上方。当蘖芽发育成一个新的分蘖时，便从茎盘的边缘长出新的须根，因而新的须根一定出现在原有根系的上方。随着分蘖有层次的上移，生根的位置也不断上升，使新的根系逐渐接近地面，这一现象叫做韭菜的跳根（图2-8）。

韭菜每年的跳根高度，取决于每年分蘖次数和收割茬次的多少。由于韭菜根系逐年上移，容易使根茎外露，出现散撮和倒伏现象，在生产上应采取培土、铺粪等办法，借以加厚土层，满足根系生长的需要。培土是促进韭菜生长发育、延长寿命、防止倒伏和保证高产稳产的一项重要措施。无论沟栽或者是畦栽韭菜，每年都要培土。培土的方法是，在早春土壤解冻后、新芽萌发前进行，选晴天的中午，把土均匀撒在畦面。土要在年前准备好，要求土质肥沃，物理性好，并过筛后堆在向阳处晒暖。如果韭畦是黏重土，也可培

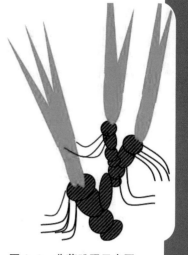

图 2-8　韭菜跳跟示意图

沙性土以改良土壤，同时结合深锄与原土混合。跳根高度是培土厚度的依据，每年培土厚约 3 厘米。

（三）用根与养根的关系

韭菜的根茎、鳞茎是其养分的重要贮存器官。地上部分枯干或收割后，地上部分再生长时，头 15~20 天所用养分主要是来自于地下器官贮存的养分，以后出现了相对稳定的过渡时期。到生长后的 25~30 天，地上部又把自己制造的养分，除供自己生长需要外，又运送到地下贮藏器官贮藏起来。到 30 天左右，基本能归还完前期从地下部抽调出去的养分。综上所述，韭菜如果是1 个月割 1 刀，只要条件适合，可以周年进行生产，但生长上若刀刀都收割过早，连割 2~3 刀后，韭菜生长无力或死亡，这主要是地下部位失掉的养分不能得到如期补充最后导致养分枯竭而死亡。因此为了使韭菜在盛产期保持旺盛的生长势，就必须处理好养根和收割的关系，韭菜在生产中收割过狠、养根不足会影响新根、新蘖的增长，导致植株早衰，甚至死亡。

正确收割：一是当年种植的韭菜最好当年不收割，使韭菜根贮足营养物质，以保证来年有较旺盛的生长；二是确保收割的间隔期，一般间隔期为 25~30 天；三是每个收割季一般收割

不超过三茬，与下一收割季有 40~50 天的休割期，全年收割不超过 5 茬；四是收割时应留茬 1~3 厘米，严禁平茬收割，以防削弱其生长势；五是当年韭菜凋萎前 50~60 天停止收割，使之自然凋萎，以利"回劲"。

第二节　韭菜的生长发育周期

一、营养生长时期

韭菜从种子萌动至花芽分化为营养生长时期。一般包括发芽期、幼苗期、营养生长盛期和休眠期。

（一）发芽期

发芽期是指从韭菜种子开始萌动到幼芽伸出并长出第 1 片真叶时，一般需历时 10~20 天。韭菜具有低温发芽特性，发芽适温 15~18℃，最低温为 2~3℃，超过 20℃不发芽。韭菜发芽缓慢且弓形出土，全部出土后子叶伸直，因此造成韭菜出土能力弱，所以对播种质量要求较严格。

图 2-9　韭菜"门鼻样"出土

韭菜的种子细小，种皮坚硬，吸水力差，韭菜种子内贮存的营养物质少，出土慢。幼芽出土时，上部成拱形"门鼻样"出土，故称"顶鼻"（图 2-9）。在小苗全部出土后叶伸直时称"直钩"。因为是呈"门鼻样"顶土，这就标志着韭菜幼苗的拱土能力比较弱。因此，在土壤条件方面，除要求疏松，湿润的土壤条件外，还需要播种时保持适宜的深度，不可过深。所以，为了提高播种质量，播种前要精心整地，覆土不宜过深，土壤要保持湿润，这样才可保证苗齐苗全。

（二）幼苗期

从第 1 片真叶显露到开始分蘖前为幼苗期（图 2-10）。一般需要 60~80 天。可长出 5~7 片叶，苗高 18~20 厘米，伸出 10~15 条根。这个时期的植株，生长相对缓慢，生长量小，主要以根系生长为主。在管理上要结合浇水，追肥 1~2 次，促使幼苗

图 2-10　韭菜幼苗

健壮生长，并加强除草，防止杂草滋生，以免杂草影响幼苗的生长。如果采用育苗移栽，当幼苗高度达到 18~20 厘米时即可定植。

（三）营养生长盛期

韭菜从分蘖（或定植）开始到花芽开始分化为营养生长盛期（图 2-11）。韭菜在定植后经过短期缓苗，植株相继发生新根和新叶，进入旺盛生长期，产生分蘖。生长期韭菜 1 年中分蘖次数和分蘖多少，受品种特性及栽培条件的影响。一般来说，窄叶品种分蘖能力强，营养充足的 1 年可分蘖 4~5 次；宽叶韭分株能力要相对差一些，一般每年分株 2~3 次。

图 2-11　韭菜营养生长

在植株营养生长盛期，韭菜会完成花芽分化的准备工作。花芽分化要经过一定时间的低温条件，再经过一定时间的长日照条件，而后才可抽薹开花。有些早春播种的韭菜，一部分经过了低温春化阶段，而后又经夏季的长日照，当年秋季可抽薹开花；大

部分要在当年的冬季进入休眠，第2年春季经过低温春化，夏季经过长日照，开始花芽分化，秋季抽薹开花。对于以叶为产品的韭菜，抽薹开花消耗大量的营养物质，对植株不利，应在开花之前将花苞摘除。

韭菜对土壤适应性很强，但如果要获得优质和高产，就需要选择土壤肥沃、保水能力强、土壤有机质丰富，且pH值5.6~6.5的土壤为宜。韭菜喜肥、耐肥，要求以氮肥为主，增施磷、钾肥，可以有效地促进细胞分裂，加速糖分的合成和运转，增进韭菜的品质，提高商品性。韭菜根喜湿，要求经常保持土壤湿润，叶片耐旱，以空气相对湿度60%~70%为好。

（四）韭菜休眠期

入冬以后，当最低气温降到 −6~−7℃时，地上部叶片枯萎，营养贮存于鳞茎和根茎之中，植株进入休眠期。由于植株已长成，且冬季低温使植株通过了春化，开始花芽分化。翌春气温回升，韭菜返青，根量和叶数增多，为生殖生长奠定了物质基础。韭菜主要有以下三种休眠方式：

1. 根茎休眠

北方品种当气温降至 −5~−7℃以下时，养分全部转入根茎而叶子干枯，进入休眠。也叫回青休眠。这种休眠时间长，程度深。此休眠型韭菜在冬季必须经过较长时间的深度休眠，才能在保护地内恢复正常生长。因此，这类型韭菜适用于露地栽培或者冬春季保护地栽培。

2. 假茎休眠

有些长期在南方栽培的品种，当植株长到一定大小时，在10℃的温度下，韭菜出现生长停滞，开始进入休眠状态。经过大约10天，便可完成休眠。此类型韭菜休眠时叶子不全部干枯，只是有少量的叶片变干，全株生长只稍有停滞，又称为不回青休眠。如平韭四号、嘉兴白根等品种。

3. 整株休眠

有些南方品种休眠时养分继续保留在植株的各个部分，叶片不干枯，只是生长短暂停滞或减缓，也称不回青休眠。此类型韭菜入冬后气温降低时，在保护地设施内适宜温度条件下，可不经过明显休眠过程，就能快速正常生长。因此，这类品种适用于秋冬季连续生产。

二、生殖生长时期

在营养生长的基础上，韭菜从花芽分化开始到授粉后韭菜种子发育成熟的整个阶段，称为生殖生长期。整个时期对温度和光照的要求比较特殊，要求低温和较长时间的光照，而且植株要长到一定的大小才能感受低温抽薹开花。也就是说，当年 4 月下旬以后播种的韭菜在当年很少开花。头年播种的韭菜，经过冬季低温完成春化，翌年 5 月份开始花芽分化，7 月下旬至 8 月下旬开花，9 月下旬韭菜种子成熟。整个生殖生长期可以分为抽薹期、开花期和种子成熟期。

（一）抽薹期

抽薹期指的是从花芽分化到花薹长成，花序总苞破裂之前的阶段（图 2-12）。韭菜在抽薹过程中，植株的营养全部集中到花薹生长上，此时，分蘖暂停。韭菜的这个特点，决定了韭菜栽培过程中，在田间管理方面一定要科学、合理，促使韭菜营养均衡，充分生长，因为生长不良的瘦弱植株不能抽薹。准备用于冬

图 2-12　韭菜抽薹

季棚室生产的韭菜，要及早掐去花薹，减少养分消耗，以利于集中养分养好根，保证冬季棚室生产有充足的养分供给。

（二）开花期

开花期指的是从总苞破裂到整个花序开放完全结束（图

图 2-13　韭菜开花

2-13）。此阶段单个花序的开花期一般为 7~10 天，但整个田间的植株开花期有早有晚，整个花期可持续 15~20 天。由于花期不一致，韭菜种子成熟有先后，在采收时要根据成熟度分期采收。

（三）种子成熟期

韭菜种子成熟期指的是从开花期结束到种子成熟的阶段（图 2-14）。这个阶段一般需要 30 天左右，具体的采收时间一般是 8 月下旬至 9 月下旬。

韭菜种子采收后，植株继续恢复分蘖生长，在第二年夏季气温升高时再次转入生殖生长。二年以上韭菜的营养生长和生殖生长交替进行，并表现出一定的重叠性。

图 2-14　韭菜种子成熟

第三节　韭菜对环境条件的要求

一、温度

韭菜为耐寒性蔬菜，对温度的适应范围广。韭菜喜冷凉气候、耐低温，抗霜害。但不耐高温。叶片能耐 -5~-4℃低温，秋季早霜过后，地上部能照常生长。早春新发的嫩芽遇晚霜，也只是叶尖变紫，不致死亡。通常是在 -7~-6℃，甚至更低的温度时，叶片才开始枯死，地下部分开始休眠，地下部可抵御 -40℃的低温。

韭菜可以在 2~3℃条件下缓慢发芽，发芽适温为 15~18℃，高于 25℃发芽受到影响。当温度超过 30℃时，会抑制韭菜种子的发芽速度和幼苗品质。幼苗期生长适宜的温度范围 12~24℃，以 15℃为最适宜。茎叶生长的生长适温为 12~24℃，这一温度范围内最适于叶部细胞分裂和膨大，产量高，品质好。高于 25℃及强光照下，往往纤维多、品质差。但老根韭菜在温度 3~5℃时，其鳞茎、根茎和根系中的养分，就可以提供给幼叶，满足幼叶的生长需要，因此，韭菜很适合早春和冬季在设施内栽培。如果温度超过 30℃，植株生长过快，体质软弱，抗病性降低，采收后容易脱水萎蔫。如果温度高且缺水严重，就会出现大面积的干尖现象。

韭菜春化作用最有效的温度范围为 2~5℃，抽薹开花期最适宜的温度范围为 20~26℃。

二、光照

韭菜原产于我国北方，属长日照中光型植物。光照强度对韭菜的产量和品质都有重要影响，喜中等强度光照。如光照过强，茎叶生长受到抑制，叶片纤维粗硬，品质降低，但光照过弱，光合能力降低，又不利于叶片的生长。在缺光情况下，叶绿素形成受阻，新生叶鞘及叶身的纤维少，品质鲜嫩，成为深受欢迎的"韭黄"。但这种软化栽培是在适当光照条件下制造出充足的营养物质贮存在地下部后才能进行，否则会早衰、死亡。

三、水分

韭菜的叶片扁平、细瘦，表面覆有蜡粉，角质层较深，气孔深陷，水分蒸腾量较少，属耐旱生态型，适于较低的空气湿度，以空气相对湿度 60%~70% 为好，湿度过大，叶片容易腐烂。韭菜根系的吸收力弱，要求土壤经常保持湿润，才能满足植株生长发育的需要，获得柔嫩的产品器官和较高的产量。所以韭菜适于较高土壤湿度及较低空气湿度的条件。但韭菜怕涝，土壤湿度过高易使根系缺氧、腐烂、叶片发黄，影响当年和翌年生产。

四、土壤及营养

韭菜对土壤的适应能力较强，无论是砂土、壤土、黏土都可栽培。但由于韭菜根系较浅，宜选择土层深厚、透气性好、含有机质多的沙壤土栽培为宜。韭菜对盐碱也有一定适应能力。成株能适应轻度盐碱，可以在含盐量 0.25% 的盐碱地正常生长，但幼苗耐盐能力较差。因此，在盐碱地种植时应先育苗，然后移栽。

韭菜耐瘠薄，也更耐肥。韭菜栽培种对肥料的要求以氮肥为主，氮肥可以促进叶色深绿、肥大柔嫩、产量高。此外，增施磷钾肥可促进细胞分裂，加速糖分合成和运转，提高产品品质。但不同生长时期和不同生长年限对肥料的要求量不同。2~4 年生韭株生长旺盛、分蘖多、产量高、需肥量多。1 年生幼苗和 5 年生以上衰老植株需肥量少。在栽培上应注意科学施肥，才能保证植株生长旺盛，产量高。

第三章 韭菜常用栽培设施的建造

第一节 风障畦

一、结构与建造

风障畦由风障和风障前的栽培畦组成（图3-1）。风障由土背（基埂）、篱笆和披风组成，篱笆是风障的主体，高度为2.5~3米，一般由芦苇、高粱秆、玉米秸、细竹、松木等构成；基埂是篱笆基部北面筑起来的土埂，一般高约20厘米，用以固定篱笆；披风是附在篱笆北面的柴草层，用来增强防风、保温功能，其基部与篱笆一并埋入土中。

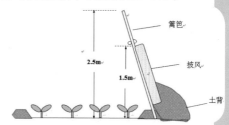

图3-1 风障畦结构示意

建风障时，在风障畦的北侧挖一道深20~30厘米、宽30~40厘米的沟。挖出的土翻到北面。然后把用高粱秸、芦苇、木棍等材料扎好的篱笆，按照与畦面呈75°的角，放入沟内埋好，并将挖出的沟土培在风障基部。为了固定风障角度和增加坚固性，可在风障两端和中间事先深埋数根木杆。为增强风障的防风性能，应在风障背后加披草苫子，并用竹竿或数根高粱秸横向于风障两面夹好、绑紧，使整个风障成为一体。

二、风障畦性能

风障畦能阻挡北风侵袭，减缓风速。防风范围是风障高的8~12倍，最有效范围是1.5~2倍。白天可把日光反射到畦内，增加栽培畦的日照强度，夜间可反射畦内向外散失的长波热辐射线，减缓热量散失，保持风障畦内的热量，提高风障前气温。一

般可提高地温 3~5℃，减少水分蒸发，保持一定湿度，能营造作物生长发育的适宜环境条件，使露地春菜早收 7~10 天，增产达 10%~80%（图 3-2）。

三、风障畦的应用

风障畦可用于耐寒作物栽培如菠菜、韭菜、青蒜、小葱等的育苗、越冬及早熟栽培（图 3-3）。

图 3-2　风障畦性能示意

图 3-3　风障畦

第二节　阳　畦

阳畦是由风障畦发展而来的一种冷床，北方叫阳畦，南方叫冷床。是将风障畦的畦埂提高加厚成阳畦的畦框，在上部加玻璃或薄膜和草苫而成为阳畦。阳畦可分为槽子畦、抢阳畦和改良式阳畦等 3 种类型，目前生产上多用抢阳畦和改良阳畦。

一、阳畦的结构与建造
（一）抢阳畦的结构与建造

抢阳畦由风障、畦框及覆盖物组成（图 3-4）。

（1）风障。由篱笆、披风草和土背 3 部分组成，篱笆高 2 米，篱笆后边夹设披风草，土背高 40 厘米，底宽 80 厘米，上宽 20 厘米，

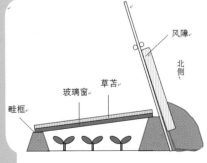

图 3-4　抢阳畦结构

高出阳畦北框 10 厘米，固定风障和披风草，加强防寒和保温作用。

（2）畦框。北框高 35~60 厘米，南框高 25~45 厘米，东西两框，北高南低，与南北框密接，畦内可接收阳光照射，故称抢阳畦。

（3）覆盖物。覆盖物有玻璃、塑料农膜以及覆盖材料草苫、蒲席等。

（二）改良阳畦的结构与建造

改良阳畦由土墙、立柱、拱杆、薄膜、后屋面、草苫等组成（图 3-5）。

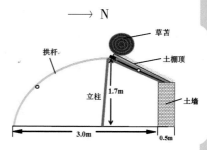

图 3-5　改良阳畦结构示意

一般土墙高 100 厘米，厚 50 厘米，山墙最高点 150~170 厘米，棚内宽度 3~4 米，后屋面由芦苇、秸秆做底，上盖土约 10 厘米厚，再用草泥封顶。前边多为玻璃立窗，或由细竹竿搭设的拱架直接架设在后墙上再覆盖薄膜、草苫。

二、阳畦的性能

（一）抢阳畦的性能

风障阳畦有减弱风速、稳定气流的作用，白天可吸收阳光贮热，夜间在畦框和覆盖物的保护下能保温、防寒、防冻。在 1-2 月的寒冷季节里，抢阳畦内平均最低气温较露地高，最高温达 20℃左右，最低温为 2~3℃。

（二）改良阳畦性能

改良阳畦前窗的角度大，冬季进光量多，加之有墙及后屋面蓄热保温，其性能强于一般阳畦，可以进入里边进行管理作业，较阳畦作业条件有较大改善。改良阳畦气温、地温比普遍阳畦高 4~7℃，低于 5℃的时间缩短，而高于 10~20℃的时间加长。

三、阳畦的应用

阳畦可安全栽培耐寒葱蒜类、叶菜类蔬菜或育苗。改良式阳畦低温期可栽培韭菜、油菜、芹菜、小萝卜等耐寒菜，早春可提早定植瓜类、茄果类、豆类等，进行早熟栽培。

第三节 小拱棚

塑料小拱棚是以竹片、竹竿、荆条、钢筋等材料弯成高度小于 1.5 米的圆拱形骨架，并在圆拱形骨架上覆盖塑料薄膜的栽培设施称为塑料小拱棚。小拱棚的跨度一般为 1~3 米，高 0.5~1.2 米左右。其结构简单、投资少、适合于大面积推广应用。

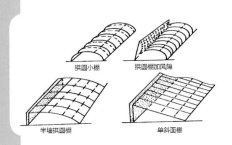

图 3-6　主要类型小拱棚

一、小拱棚的主要类型

小拱棚的类型包括小拱圆棚、拱圆棚加风障、半墙拱圆棚和单斜面棚，（图 3-6）。生产上应用较多的是小拱圆棚。

二、拱圆小棚结构与建造

栽培韭菜的小拱棚棚架一般为半圆形，高度 0.5~1 米，宽 1.5~2 米，长度因地而定。骨架用细竹竿按棚的宽度将两头插入地下形成圆拱，拱杆间距 30 厘米左右。全部拱杆插完后，绑 3~4 道横拉杆，使骨架成为一个牢固的整体（图 3-7）。覆盖薄膜后可在棚顶中央留一条放风口，采用扒缝放风。为了加强防寒保温，棚的

图 3-7　拱圆形小拱棚的搭建

北面可加设风障，棚面上于夜间再加盖草苫。

第四节　塑料大棚

塑料大棚是指以竹木、钢筋水泥或热镀锌钢管等材料作骨架，在其上覆盖塑料薄膜的大型保护地栽培设施。

一、塑料大棚的类型与构造

塑料大棚依其构形，可分为单体塑料大棚和连栋塑料大棚两种类型。

（一）单体塑料大棚

单体塑料大棚的构形一般为拱圆形，依其材料不同，生产上主要有竹木结构、钢架结构和镀锌钢管装配式塑料大棚等类型。

1. 竹木结构塑料大棚

大棚棚架由立柱、拉杆、拱杆等组成（图3-8，3-9）。各部分结构均用竹木料制成，拱杆一般用竹竿或竹片，竹片宽3~5厘米、厚1厘米左右；拉杆多用直径3~5厘米的老熟斑竹，立柱用直径10厘米的木杆。棚架上覆盖塑料薄膜，由顶膜（或天膜）和裙膜组成，膜上再用压膜线在两拱杆间进行压固。

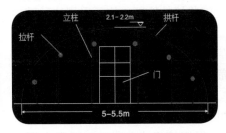

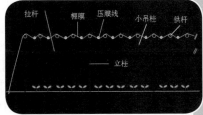

图3-8　竹木结构大棚骨架横剖面示意　　图3-9　竹木结构大棚骨架纵剖面示意

竹木结构大棚一般面积较小，由于竹木结构的承风能力差，大棚不能太高，因此跨度也不能太宽，否则棚顶过于平缓积雪积雨。一般跨度5~5.5米，长20~40米，棚高2.1~2.2米，拱距0.6~0.8米，

图3-10　竹木结构塑料大棚骨架

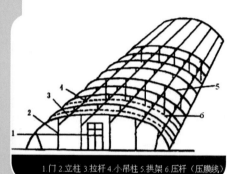

1.门 2.立柱 3.拉杆 4.小吊柱 5.拱架 6.压杆（压膜线）

图3-11　竹木结构大棚整体骨架
示意

根据所用材料的质地和大棚的跨度决定是否设置立柱和立柱的多少（图3-10）。

立柱设在棚内拉杆与拱杆的交汇点上，用以支撑拱杆，能增强拱棚对风、雨、雪的承载能力。拉杆一般设置3~5排，在棚顶正中，两肩或在顶端与两肩的中间再各设置一排拉杆。拦杆使大棚拱杆连成一个整体，使单一拱杆或某一点上的承受力由整个大棚来承受，从而增强大棚整体的承受力（图3-11）。

竹木结构塑料大棚建造简单，可就地取材，建造成本低，容易推广。但竹木经过长期日晒，雨淋后，其材料强度急剧下降，承受风、雨、雪荷载能力降低，极易遭受风、雪灾害，使用寿命短，同时遮光多，作业也不方便。对于一些经济条件尚比较落后的地区和刚刚起步发展蔬菜设施栽培的地区，均可采用这种结构形式。

2. 钢架结构塑料大棚

这种大棚的骨架是用钢筋或钢管焊接而成，其特点是坚固耐用，中间无柱或只有少量支柱，空间大，便于植物生长和人工作业，但一次性投资较大。这种大棚因骨架结构不同可分为：单梁拱架、双梁平面拱架、三角形（由三根钢筋组成）拱架。通常大棚宽10~15米，脊高2.5~3.0米，长度50~60米，单栋面积多为666.7平方米。钢架大棚的拱架多用直径12~16毫米圆钢或直径相当的金属管材为材料；双梁平面拱架由上弦、下弦及中间的腹杆连成桁架结构；三角形拱架则由三根钢筋及腹杆连成桁架（图3-12，

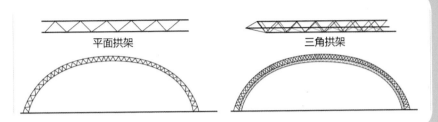

图 3-12　钢架单栋大棚桁架结构示意

3-13）。这类大棚强度大，钢性好，耐用年限可长达 10 年以上，但用钢材较多，成本较高。钢架大棚需注意维修、保养，每隔 2~3 年应涂防锈漆，防止锈蚀。

通常大棚每隔 1.0~1.2 米埋设一拱形桁架，桁架上弦用 Φ14~16 毫米钢筋、下弦用直径 12~14 钢筋、中间用直径 10

图 3-13　钢架大棚桁架结构

毫米或直径 8 毫米钢筋作腹杆连接。拱架纵向每隔 2 米以直径 12~14 毫米钢筋拉杆相连，拉杆焊接于平面桁架下弦，将拱架连为一体（图 3-14）。

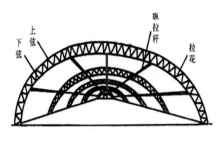

图 3-14　钢架桁架无立柱大棚

钢架结构大棚采用压膜卡槽和卡膜弹簧固定薄膜，两侧扒逢通风。具有中间无立柱，透光性好，空间大，坚固耐用等优点，但一次性投资较大。

3. 热镀锌钢管装配式塑料大棚

大棚棚架由热镀锌钢管及棚架配件装配而成。用直径 25 毫米的薄壁钢管制作成拱杆、拉杆、立杆（两端棚头用），经热镀锌后可使用 10 年以上。用卡具、套杆连接棚杆组装成棚体，覆盖薄膜用卡膜槽固定，并用 3~5 道纵向拉管将拱棚连接起来，两边采用摇壁式自动卷膜机进行卷膜放风。棚顶高 2.4~2.6 米，肩高 1.7 米，棚长 30 米，拱间跨 0.61 米，棚跨 6~8 米（图 3-15，3-16）。此种棚架由专业厂家定型生产，盖膜方便，卷膜灵活、省工。棚内空间大，遮光少，操作便利，注意保养，寿命较长，但造价较高，适用于春提早，秋延后蔬菜的栽培。

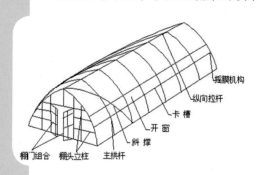

图 3-15 装配式单栋钢管大棚示意

图 3-16 装配式单栋钢管大棚

（二）连栋塑料大棚

是在单栋镀锌钢管装配式塑料大棚的基础上发展起来的，有二连栋、三连栋、四连栋、五连栋……等形式（图 3-17）。其采用骨架仍由直径 22×1.2 毫米的镀锌钢管组成，单栋跨度 6~8 米，长度 30 米，棚顶高 3.5~3.8 米，边高 2.3~2.6 米，在两棚之间设立天沟以排出雨水，棚顶沿天沟有齿轮转动双向卷膜，棚四周仍安装摇臂式卷膜机自动卷膜，棚顶部设有外遮阳幕，棚内设有内保温幕实施双层保温，有的还在棚北面设立大型排气扇进行强制通风，排热降温。连栋塑料大棚由于安装和拆卸棚膜不方便，一般采用进口长寿防老化棚膜覆盖，使用寿命为 4~5 年。连栋装配式钢管塑料大棚的棚体由专业厂家定型生产，空间大，土地利用率高，便于种植各种高架作物，农事操作方便，温度分布均匀、稳定，但棚内通风困难，不易降温，棚内附属设施常造成棚内阴暗带，影响部分作物的正常生长发育。另外，连栋间的棚面排除雨雪也较困难，维护管理也有诸多不便。连栋塑料大棚设施虽然

图 3-17　连栋塑料大棚

先进，但造价极高，常为单栋大棚造价的 3~7 倍，因此，现阶段不宜在生产上大面积发展，各地局部地区虽有引建，一般仅起示范作用。

二、塑料大棚的应用

塑料大棚跨度大、容量体积较大，对高温、低温的缓冲能力强，内部可进行多种形式的保温覆盖，提高其防寒保温性能，可栽培多种作物，如黄瓜、架豆、番茄、茄子、甜椒、甜瓜、西瓜等，较露地早熟 20~40 天，秋季可延后 25~30 天。早春可以加茬栽植一茬快熟耐寒叶菜，如小油菜、小白菜、水萝卜等，40~50 天即可收获。

塑料大棚主要用其进行蔬菜的早熟和延后栽培，及一些耐寒蔬菜如韭菜的冬季反季节青韭栽培及韭黄的生产。

第五节　温　室

温室的类型很多，按结构材料主要有砖木结构温室、钢筋水泥结构温室、热镀锌钢架温室与铝合金温室；按覆盖材料可分为玻璃温室、聚碳酸酯板温室、塑料薄膜温室；按热源类型可分为日光温室和加温温室。我国目前温室主要以节能型日光温室为主。

节能型日光温室是我国农民在长期的设施栽培中研究、总结、

创新的一种新的高效节能园艺设施，在北纬34°~43°的广大地区，冬天不加温而依靠太阳光热强化保温，可以生产喜温果菜，在元旦和春节淡季供应市场，这是我国设施栽培划时代的发明与创新，对世界园艺设施栽培也做出了新贡献。

一、温室的结构

节能型日光温室（图3-18，3-19）由三部分组成，一是由北墙及东、西山墙（土筑或砖筑）建成，由同质或异质复合墙体支撑后屋面；二是前屋面用不同材质如用竹竿、竹木、木杆、钢筋、钢管等构成，上面覆盖薄膜，还要根据地区不同覆盖草苫、纸被、棉被、化纤保温毯（被），以达到防寒保温的效果；三是后屋面，由秫秸、草泥、麦秸泥、发泡板或加气混凝土板组成，有蓄热、保温作用。

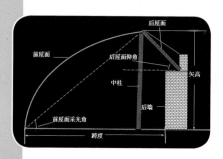

图 3-18　节能型日光温室结构示意

图 3-19　节能型日光温室

在广大农区大规模建造的日光温室，仍以竹拱架、木立柱、土墙、秫秸草泥后屋面的简易结构为多，而在近郊区则多建造钢筋（管）结构，无立柱、砖墙，覆盖轻质防寒被、有卷苫机械的较为现代化的节能日光温室。

现代化节能型日光温室是在普通日光温室结构基础上演变而来，其结构改进、性能提高。采光及保温性能得到进一步加强和完善。其特点：一是提高了中脊高度，达到2.6~2.8米，高者达3.0~3.7米，从而使前屋面角加大，更利于阳光射入，增加室温，改善室内光照条件；二是加大后屋面仰角，缩小后屋面投影，使冬至前后阳光能直射后屋面和后墙，增加室内蓄热保温面积；三是加大温室的跨度，由 5.5 米加大至 8~10 米，容积增加，缓解了高、低温对作物的不利影响；四是可利用全钢焊接式或组装式日光温室，无立柱，不仅利于采光增温，同时也改善和优化了内部的作业条件。

（一）温室墙体

1. 土墙

确定好建造地块后，用挖掘机就地挖土，堆成温室后墙和山墙，后墙底部宽度应在 3 米以上，顶部超过 2 米。堆土过程中用推土机或挖掘机将墙体碾实，后墙体高度根据跨度不同一般在 3.5~4.0 米。墙体堆好后，用挖掘机将墙体内侧切削平整，并将表土回填（图 3-20）。另外，还应注意前后温室间距合理，以免冬至日前排温室对后排温室造成遮荫，合理的温室间距一般为前排温室脊高高度的 2~2.5 倍。

图 3-20　土墙后墙墙体

2. 砖墙

为了保证砖墙墙体的坚固性，建造时首先需要开沟砌墙基。挖宽约为 61 厘米的墙基，墙基深度一般应距原地面 40~50 厘米，填入 10~15 厘米厚的掺有石灰的二合土，并夯实，然后用毛石水泥沙浆砌基础，基础用水泥沙浆抹平。按墙体 59 厘米宽放线，用红砖砌墙，先砌 24 厘米宽的内墙，中间留出 11 厘米空隙，用 5 厘米厚、2 米长、1 米宽的苯板，贴内墙摆放，苯板对严，最好用透明胶布贴缝，再错开放第二层苯板，也要贴缝，然后再砌 24 厘米宽的红砖外墙（图 3-21）。山墙按温室的构形砌筑，后墙有后窗的，窗口处的苯板，在摆放时按窗口大小砌齐，在内外墙上立窗框，安通风窗。

图3-21　砖墙墙体

图3-22　温室后屋面

全钢架结构的日光温室，要在后墙顶部浇6~8厘米厚的钢筋混凝土梁，预埋角钢。底脚处也浇混凝土的地梁，也要预埋角钢，以便于焊接温室骨架。

（二）后屋面

日光温室大棚的后屋面主要由后立柱、后横梁、檩条及上面铺制的保温材料四部分构成（图3-22）。

1. 后立柱

后立柱，主要起支撑后屋顶的作用，为保证后屋面坚固，后立柱一般可采用水泥预制件做成。在实际建造中，有后排立柱的日光温室可先建造后屋面，然后再建前屋面骨架。后立柱竖起前，可先挖一个长为40厘米、宽为40厘米、深为40~50厘米的小土坑，为了保证后立柱的坚固性，可在小坑底部放一块砖头，然后将后立柱竖立在红砖上部，最后将小坑空隙部分用土填埋，并用脚充分踩实压紧。

2. 后横梁

日光温室的后横梁置于后立柱顶端，呈东西延伸。

3. 檩条及保温材料

檩条的作用主要是将后立柱、横梁紧紧固定在一起，它可采用水泥预制件做成，其一端压在后横梁上，另一端压在后墙上。檩条固定好后，可在檩条上东西方向拉几十根10~12号的冷拔铁丝，铁丝两端固定在温室山墙外侧的土中。铁丝固定好以后，可在整个后屋面上部铺一层塑料薄膜，然后再将保温材料铺在塑料薄膜上，在我国北方大部分地区，后屋面多采用草苫保温材料进行覆盖，草苫覆盖好以后，可将塑料薄膜再盖一层，为了防止塑料薄膜被大风刮起，可用些细干土压在薄膜上面，后屋面的建造就完成了。

（三）骨架

日光温室的骨架结构可分为：水泥预件与竹木混合结构、钢架结构等类型。

1. 水泥预件与竹木混合结构

其特点为：立柱和后横梁由钢筋混凝土柱组成，拱杆为竹竿，后坡檩条为圆木棒或水泥预制件。其中立柱分为后立柱、中立柱、前立柱。后立柱可选择 13 厘米 ×6 厘米钢筋混凝土柱，中立柱可选择 10 厘米 ×5 厘米钢筋混凝土柱，中立柱因温室跨度不同，可由 1 排、2 排或 3 排组成，前立柱可由 9 厘米 ×5 厘米钢筋混凝土柱组成。后横梁可选择 10 厘米 ×10 厘米钢筋混凝土柱。后坡檩条可选择直径为 10~12 厘米圆木，主拱杆可选择直径为 9~12 厘米圆竹进行建造（图 3-23）。

图 3-23　竹木结构日光温室

2. 钢架结构

整个骨架结构为钢材组成，无立柱或仅有一排后立柱，后坡檩条与拱梁连为一体。其中拱梁架由直径 27 毫米国标镀锌管作上弦，直径 12 毫米钢筋作下弦，直径 10 毫米钢筋作拉花。拱梁上端焊在顶梁预埋角钢上，下端焊在地梁预埋角钢上，中部再用两根直径 2 厘米镀锌钢管作拉筋，焊在下弦上，将拱梁架连为一体。两个拱梁架的间距为 85 厘米（图 3-24，3-25）。

（四）外覆盖物

日光温室大棚的外覆盖物主要由透明覆盖物和不透明覆盖物

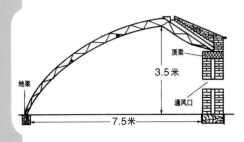

图 3-24　钢架无柱温室示意　　　图 3-25　钢架无柱温室

组成。

1. 透明覆盖物

在山东地区，日光温室主要采用厚度为 0.08 毫米的 EVA 膜透明覆盖物进行覆盖。这种薄膜优点非常多：流滴防雾持效期大于 6 个月，寿命大于 12 个月，使用 3 个月后，透光率不会低于 85％。在众多的透明覆盖物中，备受广大农户的喜爱。

利用 EVA 膜覆盖日光温室，主要有三种覆盖方式，第一种就是一块薄膜覆盖法，第二种就是两块薄膜覆盖法，第三种就是三块薄膜覆盖法。

一块薄膜覆盖法就是从棚顶到棚基部用一块薄膜把它覆盖起来，从覆盖方式的优点来说，它没有缝隙，保温性能也很好，它的不足之处就是，到了春季晚春的时候，棚内温度过高，需要散热时，不便于降温。

两块薄膜覆盖法主要采用一大膜，一小膜的覆盖方法，棚顶部用一大膜罩起来，前沿基部用一块小膜把它接起来，两块薄膜覆盖好以后，要用压膜线将塑料薄膜充分固定起来。两块薄膜覆盖法的优点是：冬天寒冷的季节，大棚需要密封的时候，只需要把两个薄膜接缝的地方交叠起来，用压膜线把它压紧，大棚的保温性能就比较好，到了晚春季节，大棚需要通风的时候，再把两个薄膜的接缝处拨开一个小口，这样它就变成了一个通风口，便于散热。

三块薄膜覆盖法指的是采用一大膜，两小膜的覆盖办法，具体就是顶部和基部采用两小膜，中间采用一大膜的覆盖方法，采用这种方法，通风降温能力明显优于两块薄膜覆盖法，但是薄膜覆盖起来比较困难（图3-26）。

温室顶部留放风口。风口设置可通过后屋面前窄幅薄膜与前屋面大幅薄膜搭连，两幅薄膜搭连边缘穿绳，由滑轮吊绳开关风口（图3-27）。

图3-26　三块薄膜覆盖 　　　图3-27　顶部放风口

2. 不透明覆盖物

在山东地区，日光温室不透明保温覆盖材料主要指的是草苫，草苫主要是用稻草或蒲草制作而成，山东各地以稻草制作的草苫为主，其宽度为120~150厘米，长度主要根据日光温室跨度而定，通常重量为4~5千克/平方米。草苫保温效果好，紧密不透光，遮光能力强，也比较经济实惠，目前已为广大农户所青睐（图3-28）。

图3-28　草苫覆盖

另外，各地农民可根据自己的实际需要，在大棚的东侧或西侧建造管理室（图3-29），以便于以后的日常管理。

电动卷帘机因结构简单耐用，价格适中，可以大大降低劳动强度等优点而受到种植户的欢迎。寿光应用较多的折臂式卷帘机主要包括支架、卷臂、机头等部件（图3-30）。

二、日光温室的应用

由于日光温室方位多为坐北朝南东西延长，再加上后部有后墙和保温好的后屋面，两侧有山墙，前屋面在夜间外加草苫、保温被等防寒覆盖物保温，因此其采光和保温性能均较好。

利用日光温室可在冬春季节进行韭菜育苗、韭菜日光温室青韭栽培、温室囤韭栽培及韭黄生产，从而实现韭菜的四季生产及周年供应。

图 3-29　大棚一侧管理室

图 3-30　电动卷帘机

第四章 韭菜的品种选购与优良品种介绍

第一节 韭菜品种选购的原则

一、韭菜品种选购的原则

选择合适的品种对于韭菜栽培能否成功、能否取得理想的经济效益，是一个相当重要的问题。我国韭菜品种数量众多，各自性状都不尽相同，在选择品种时，要根据市场需要，针对品种的重要特性进行充分考虑。

1. 商品性

目前，对绝大多数消费者来说，都喜欢棵大、叶宽、叶肉肥厚、叶色浓绿、柔嫩新鲜的韭菜。同时，也有部分消费者喜欢窄叶韭菜，这是因为窄叶韭菜一般风味更加香浓，而宽叶的风味会较淡些。日本上市韭菜要求叶片宽厚，长度适中、整齐。因此，出口日本的韭菜要选择宽叶型、群体整齐度好的品种，一般人工选育的品种都能达到相应标准，而农家品种整齐度稍差。

2. 丰产性

一个品种的单株产量与株高、鞘粗、叶长、叶片数、叶宽等指标呈正相关，其中株高、鞘粗和叶长最重要。因此，要获得高产，就要选择生长速度快、叶片多的宽叶型品种。分蘖力强的品种产量形成早，但品质下降快，生产周期短，故不能一味地强调品种的分蘖能力。要获得高产，还必须配合科学的栽植密度和精细的管理。

3. 休眠性

不同品种的冬季休眠习性差别很大，而这种差别直接影响品种栽培方式的选择，尤其在广大北方地区，这一点特别重要。不休眠型品种扣棚以后马上可以快速生长，适合于秋、冬连续生产，但由于其回秧不彻底，严冬期间抗寒性差，在北方不适于露地越冬；浅休眠型品种回秧后必须经过30天左右低温休眠可以恢复快速生长，适合于冬季和冬春季生产，因为其休眠后抗寒能力明显增强，可以在大部分北方地区安全越冬，而在一些高寒地区还存在受冻危险；深休眠型品种回秧很彻底，可以在露地条件下安全越冬，必须经过50~60天休眠可以恢复快速生长，适合于冬春季、春提前和露地生产。

4. 抗病性

露地韭菜生产在温度较高时容易染上疫病、枯萎病、锈病等，因此要求品种对上述病害有一定抗性，而冬季保护地生产过程中，灰霉病发生较为普遍，选择品种时尽量选择对灰霉病有抗性的品种。

5. 抗虫性

绿色无公害韭菜生产最好选用一些本身具有一定抗虫性的品种。

6. 当地消费习惯

韭菜可生产的产品较多，有青韭、韭黄、韭薹、韭花等，要根据当地居民目前消费习惯和可能的消费趋向，来选择适合于生产特定产品的优良品种。另外，还应该考虑当地居民季节性消费习惯，再根据特定的种植茬口选择相应的优良品种。

二、韭菜新旧种子识别

韭菜种子的存放对温度要求比较严格，因此隔年的陈种子一般不发芽，即使能发芽，出苗后长到5~7厘米时，也会枯死，其成活率仅能达到15%左右。所以在韭菜生产中一定要用当年的新种子。因此生产中对新陈种子的鉴别与区分是非常重要的：

一看：新的韭菜种子发黑发亮，有光泽，陈种子颜色暗淡发乌，无光泽。新种子脐部发白，而陈种子脐部呈黄褐色或褐色。

二摸：新种子手感比较滑，而且柔软有弹性；陈种子则比较涩并且相对较硬。将手插入种子中新种子手收回后应沾有种子较多，陈种子则相反。

三质地：将种子砸断后，如果横断面的胚乳淀粉是面粉状则是陈种子，如果呈和面状（即有黏性）为新种子。用牙咬后不碎的是新种子。

四味道：新种子辛辣味浓，而陈种子辛辣味很淡或没有。

第二节　优良品种介绍

韭菜在我国分布广泛，资源丰富，据《中国蔬菜品种资源目录》记载，韭菜有多达 270 个品种。

一、韭菜的类型

（一）根用韭

根用韭以肥大的根为食用部位（图4-1）。该类型根系粗壮，可加香料、盐、糖等腌制或煮食，薹肥嫩，风味佳，可炒食。主要分布在我国西南山区，如云贵川藏等省区，云南大理、腾冲、西藏自治区等广为栽培。

图4-1　根用韭菜

（二）薹用韭菜

薹用韭菜以采收粗壮的韭苔为主，薹用韭的花薹粗且长，分蘖多，抽薹力强，抽薹率高，薹肥大柔嫩。风味佳，品质鲜嫩。如"四季薹韭""年花韭菜"等。

（三）花用韭菜

花用韭菜指专门以韭菜的花和嫩种子为食用部分，一般用于韭菜腌制加工。该韭菜类型叶鞘短细，品质比较差，叶片短窄，但花多、花大，适宜采花或者采嫩花籽的花序。

（四）叶用韭菜

叶用韭菜是目前我国普遍栽培的韭菜品种类型，以食叶为主，叶片宽厚，柔嫩，分蘖力弱，抽薹率低。刚开的花也可采摘食用，因此，该类型的又可称为花叶兼用型。叶用韭按其叶片的宽窄大致可分为宽叶韭和窄叶韭。宽叶韭（图4-2）叶片比较宽厚，叶鞘粗壮，叶色比较浅，柔嫩，高产，但香味略淡，易倒伏、适于露地、设施和软化栽培，如汉中冬韭；窄叶韭（图4-3）叶片窄长，色深，纤维多，味浓，自立性强，不易倒伏，耐寒，适于露地栽培。

图4-2　宽叶韭

图4-3　窄叶韭

二、生产上常用品种

（一）叶用韭菜品种

1.独根红

独根红韭菜是寿光农民在长期的生产实践中，根据当地的气候特点、栽培习惯和食用爱好，经过多年的选育形成的独特的地方品种。在生长旺盛期，株高70厘米左右，叶宽1~1.3厘米，假茎粗1厘米左右，叶浅绿色，假茎基部微现紫红色，故称独根红。长势强，分蘖力较弱。夏季抽薹早，抽薹期长而不集中。抗寒性强，既适宜冬春保护地栽培，又适宜于露地栽培（图4-4）。

图 4-4　独根红

2. 汉中冬韭

原为陕西省汉中地区农家品种，栽培历史悠久，现已在西北、东北、华北、华东等地推广，成为我国著名的优良韭菜品种之一。该品种生长健壮，株丛直立，但分蘖力较弱，株高 40~50 厘米，单株功能叶 7~9 片，叶形宽大，叶长一般 30~40 厘米，宽 0.8~1.2 厘米。假茎粗 0.5~0.7 厘米，黄白色，横断面近圆形。对气候条件适应力强，抗寒性强，冬季回根晚，春季返青萌发早，夏季耐热性亦好，产量高，品质中等。适于露地和保护地栽培（图 4-5）。

3. 791 雪韭王

791 韭菜系河南省平顶山市农业科学研究所选育。植株充分生长高度可达 50 厘米左右，生长势强，株丛直立，假茎粗壮，抗倒伏。叶片宽而厚，平均叶宽 1.2 厘米，最宽可达 2 厘米，平均单株重 6 克。分蘖力强，适期播种的一年生单株分蘖 6~8 棵。该品种最突出的特点是，抗寒性强，春季返青萌发早，秋冬回根晚，在冬季日平均气温 5℃、最低 -7.5℃时，新生的

图 4-5　汉中冬韭

2~3片心叶每日仍以0.7厘米的速度生长，故又称"雪韭"。产品肥嫩，粗纤维少，品质好，韭味浓，产量高，适宜各地种植，是目前保护地栽培的理想品种之一（图4-6）。

4. 平韭二号

河南省平顶山市农业科学研究所选育的韭菜新品种。植株充分生长高可达50厘米以上，株丛直立，分蘖力强，叶鞘粗壮，抗倒伏。叶片宽大肥嫩，叶色翠绿，平均叶宽1厘米左右，叶色优于791韭菜，而

图4-6 791雪韭王

直立性稍差。耐寒性、产量和品质都与791韭菜相似，适宜栽培范围广，也是目前保护地和露地栽培的优良品种之一（图4-7）。

5. 平韭四号

平顶山市农业科学研究所育成的抗寒高产型优良品

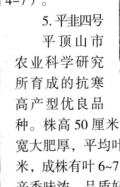

图4-7 平韭二号

种。株高50厘米，叶簇直立，叶片绿色，宽大肥厚，平均叶宽1厘米，叶长35~38厘米，成株有叶6~7片。质地鲜嫩，粗纤维少，辛香味浓，品质好，外观商品性状优良。该品种分株能力强，1年生单株分株7个左右。年收割6~7刀，亩产鲜韭10 000千克左右。抗衰老，可持续高产。耐寒性很强，是日光温室及保护地栽培的理想品种，也是目前791韭菜的换代品种（图4-8）。

图4-8 平韭四号

6. 平韭六号

该品种株型直立，株高 60 厘米，叶片宽约 1 厘米，肥厚鲜嫩，鞘长 10 厘米以上，鞘粗 0.8 厘米，分蘖力强，生长旺盛，年收割 7~8 刀，亩产鲜韭 12 000 千克，抗灰霉病、疫病及生理病害，夏季一般不出现干尖现象，抗寒性极强，冬季不休眠，非常适合北方地区小拱棚，日光温室等保护地生产（图 4-9）。

7. 雪莲六号

该品种抗寒性很强、品质极佳。植株直立，株高约 50 厘米，叶片宽大肥厚，叶色浓绿，叶鞘粗长，生长特别快，强壮整齐，抗病、耐热、抗寒，优质高产。冬季稍加保护，可周年生产，亩产青韭 13 000 千克左右。经多代选育，特别适宜冬春保护地生产和露地栽培（图 4-10）。

图 4-9　平韭六号

8. 雪青白根

该品种特抗寒，植株直立性强，生长速度快，分蘖力强，假茎白色粗且长，高约 10 厘米以上。整株高可达 50~60 厘米，叶片青绿色，宽 1~1.5 厘米，产量高，每亩每年可收割 8 刀左右，产青韭 13 000 千克以上，最适宜高寒地区保护地种植生产（图 4-11）。

图 4-10　雪莲六号

图 4-11　雪青白根

图 4-12　寒青韭霸

9. 寒青韭霸

该品种由河南省扶沟县韭菜研究所培育。该品种株高 50 厘米左右，株丛直立，叶片深绿色，宽大肥厚，速生，株型整齐。最大叶宽 2~2.2 厘米，最大单株重 55 克，纤维含量少，口感辛香鲜脆，高抗灰霉病、疫病、抗老化，持续种植产量高，分蘖力强而快，一年生单株分蘖 9 个，年收割鲜韭 9~10 刀，亩产 20 000千克。该品种是利用在青藏高原上的野韭菜不育系和优良自交系杂交而成的高抗病、超高产、抗寒韭菜杂种。（露地种植：短期耐 -10℃低温），适宜全国露地，小拱棚栽培（图 4-12）。

10. 中华韭神

2010 年最新上市的顶级杂交韭菜品种，该品种株型直立，白特长，株高 65 厘米左右，叶片宽大肥厚，叶色浓绿，抗寒性抗病性很强，优质，高产，无休眠期，适应性广，露地，保护地均

图 4-13　中华韭神

可种植，保护地栽培，春节前可割 2~3 刀上市，全年 7~8 刀，年产青韭 25 000 千克以上（图4-13）。

11. 航韭

航韭是在高海拔、高寒地区经过多年选育的一个新品种。植株直立，高约 50 厘米，叶深绿色辛辣味浓，叶宽 1 厘米左右，且不易干尖，叶鞘粗且长，生长速度快，比其他品种在同等条件下提前上市一星期左右。株丛分蘖力

图 4-14　航韭

强，产量高，每亩年产 15 000 千克左右，抗逆力特强，适应全国各地露地和保护地种植（图4-14）。

12. 多抗四季青

该品种属多抗型无休眠的大棚和露地种植最佳品种。本产品是一代杂交，叶色深绿、鲜嫩、辛辣味浓，叶宽 1.5 厘米，最宽可达 2.5 厘米，单株重 65 克左右，品质好，耐热，较耐干旱，尤其是抗韭菜潜叶蝇，韭螟蛾，对灰霉病、疫病抗性极强，无干尖，无病斑现象，抗老化，高水肥条件管理下每年收割 8~10 刀，年亩产鲜韭 29 000 千克左右。该品种抗寒性极强，冬季不休眠，在日平均气温 -7~3℃时，新生的 2~3 片心叶仍能以每天 0.7 厘米的速度生长；该品种产量高，耐贮运，较其他品

图4-15 多抗四季青

种的有效存放期长 48 小时，适宜全国各地露地、保护地种植，寒冷地区的小拱棚、日光温室等保护地栽培效益更好（图4-15）。

13. 龙研六号

该品种株高 62 厘米左右，株型直立，生长势强，叶鞘粗壮，叶片深绿，叶片宽大而肥厚，平均叶宽 1 厘米，最大叶宽 1.8 厘米，最大单株重 50 克左右。一年单株可分蘖 7 个左右，抗寒性极强，抗病抗倒伏，商品性状特好，产量高，年收割 7~8 刀，亩产青韭 13 000 千克以上，冬季不休眠，当月平均气温 3.5℃，最低气温 -6℃时，新叶日平均生长速度为 1 厘米，是目前抗寒性较强的优良品种，适合全国各地露地和保护地栽培（图4-16）。

14. 南极五号

该品种生长旺盛，直立性强，叶宽、长鞘、抗寒，耐弱光，

图4-16 龙研六号

冬季不回根，适宜全国各地日光温室、塑料大、中、小棚等各种保护地种植，华北以南地区露地亦可种植。株高59厘米，叶丛紧凑，抗倒伏。叶宽平均1厘米，叶片绿色，长而宽厚。地上叶鞘12厘米以上，青白色，横径0.7厘米，生长迅速，分蘖力强，单株重平均10克。年收割青韭7刀左右，亩产鲜韭11 000千克以上（图4-17）。

图4-17　南极五号

15. 南极六号

南极六号是品质型极佳的韭菜新品种，属回秧（休眠）类型。该品种株高50厘米以上，株丛紧凑，叶片宽大肥厚，品质鲜嫩，叶宽1厘米左右，叶色深绿，单株重平均9克，最大单株重40克。分蘖力强，一年生单株分蘖9个以上，三年生单株分蘖35个以上。年收割5~6刀，亩产青韭10 000千克左右。冬季回秧，春季早发，苗壮整齐，辛辣味浓，特抗灰霉病、疫病，生长速度快、产量高、耐热、

图4-18　南极六号

耐贮运、适应性强，商品性状好。特别适宜露地种植，也是早春保护地栽培的最佳品种（图4-18）。

16. 韭都新秀

该品种特抗寒、抗病、优质、高产、高效，商品性状好，株高56厘米以上，叶丛紧凑，直立性强，抗倒伏。叶宽1厘米以上，最宽可达2.5厘米，叶片绿色，长而宽厚。地上叶鞘15厘米以上，白色，横径0.7厘米以上，生长迅速，分蘖力强，单株重平均10克，

最高可达 50 克。年收割青韭 6~7 刀，亩产鲜韭 11 000 千克以上。尤其是抗寒性特强，而且极耐弱光，是我国目前冬春季各种保护地韭菜生产更新换代的最佳品种（图 4-19）。

17. 久星 1 号（宽叶雪韭 2256）

图 4-19 韭都新秀

该品种株高 56 厘米以上。叶丛紧凑，直立性强，抗倒状。叶宽 1 厘米，最宽可达 2.6 厘米，叶片绿色，长而宽大。单株叶片数 5~7 片，叶扁平，叶肉肥厚，叶尖钝圆，地上叶鞘长而粗壮，白色，横径 0.7 厘米以上，横断面近圆形，生长迅速，分蘖力强，一年生单株分蘖 9 个左右，三年生单株分蘖 35 个左右，平均单株重 10 克左右，最高可达 50 克，年收割青韭 6~7 刀，亩产鲜韭 11 000 千克以上。尤其是抗寒性极强，当月平均气温 3.5℃，最低气温 -5℃时，新叶日平均生长速度 1 厘米，而且极耐弱光，特别适宜在日光温室、塑料大棚内生长，是我国目前冬、春季各种保护地韭菜生产更新换代的最佳品种，也是露地栽培的优良品种（图 4-20）。

图 4-20 久星 1 号

18. 久星 2 号

该品种株高 50 厘米，叶宽可达 1.2 厘米，叶端呈圆形，叶色浓绿，株丛直立，根茎粗壮、白色，粗纤维少，味浓香，辛辣适中，品质极佳。株丛健壮，分蘖力强，其突出特点是耐寒、抗病、优质、丰产。在温度、湿

图 4-21 久星 2 号

图 4-22　竹竿青韭菜

度适宜的情况下，不休眠可连续生长。是目前我国冬春季保护地栽培普遍使用的比较理想品种。并适宜进行培土软化做韭黄栽培（图 4-21）。

19. 竹竿青韭菜

该品种株丛直立，生长迅速，长势强壮。叶稍粗而长，叶片绿色，长而厚，叶宽约 1 厘米，最大单株重 40 克以上。分蘖能力强，抗病、抗寒又耐热，粗纤维少，营养价值高，商品性好。产量高，效益好，适合各地露地、早春保护地栽培种植，秋棚第一刀有短期休眠期（图 4-22）。

20. 嘉兴铁杆青韭菜

该品种是从嘉兴白梗韭菜中新选育出来的。株高 50 厘米以上，株丛直立性好，叶片宽而厚，叶色绿，叶鞘粗圆，色白纤维少，香味浓，

图 4-23　嘉兴铁杆青韭菜

品质极佳。在肥水条件好的情况下，植株生长健壮，分蘖力强，抗病耐寒。在同等条件下比嘉兴白梗韭菜商品性好。增产、是保护地栽培最理想的调茬品种（图 4-23）。

21. 铁丝苗

北京铁丝苗原为河北省河间县地方品种。该品种属窄叶类型，叶片细长，横断面略呈三棱形，叶片长 35~40 厘米，宽 0.35~0.38 厘米。假茎较细，断面呈圆形，叶片和叶鞘均为绿色，但叶鞘的外膜常为

图 4-24　铁丝苗

紫红色，因此，又名红根韭。叶簇直立，生长迅速，分蘖力强，鳞茎小，适于密植。叶质较硬，香味较浓。耐寒，耐热，不易倒伏，适于囤韭栽培（图4-24）。

22. 香辣小韭菜

又名细叶韭菜，是扶沟县农家品种，由河南省扶沟县韭菜研究所多年提纯而成，其株高37厘米左右，叶片长27厘米，叶片绿色较薄，上部为尖叶，粗纤维和有机质含量丰富，品质柔软，碳水化合物和尼克酸较多，辛辣香味特浓。播种至初收120天。生长较快，分蘖力弱，耐抽薹，耐热、耐寒，抗病，抗虫，耐风雨力强。但产量较低，亩年产青韭约4 000千克（图4-25）。

图4-25　香辣小韭菜

23. 天津青韭

天津著名地方品种。叶簇直立，叶色深绿，叶片较狭长。叶鞘横断面扁圆形。该品种春季生长快，丰产，抗逆性强，分蘖力中等，适应性广，适宜于露地及保护地栽培。

24. 诸城大金钩

山东省诸城市地方品种。生长势强。株高30~45厘米，半直立，叶片长约35厘米，宽0.7厘米，无蜡粉，绿色，成龄叶片尖端向一侧卷曲反卷，呈钩状，叶脉不明显。假茎淡紫色，横切面为扁圆形。香味浓，纤维少，品质好。单株重约5.5克。耐寒、耐热性较强，分蘖力中等，抗病丰产。

25. 大白根

北方常用的软化栽培韭菜品种，是北京地区由河北省河间县引入，已栽培60多年。叶接近直立，株高50厘米左右。叶片浅绿色，叶形宽大，宽0.67厘米，长45厘米左右。叶鞘绿白色，又粗又高，故名大白根。假茎横断面扇圆形，叶肉厚，品质嫩，香味浓。该品种花少，抽薹晚，生长强壮，不易倒伏，耐寒力强，纤维少，品质好。适于露地、保护地软化栽培。

26. 大黄苗

天津地区的地方品种，颜色浅绿，故名大黄苗。叶片宽达 1 厘米以上，叶尖较钝，中肋不明显。叶鞘粗，横断面扁圆形。该品种分蘖性强，再生力强，遇虫害后易恢复。开花期晚，易倒伏，纤维少。品质好，产量高。早春生长速度慢，适于露地及保护地栽培。

27. 大青苗

内蒙古自治区呼和浩特地方品种。株高 46 厘米左右，叶簇较直立。叶片平均长 42 厘米，宽 0.38 厘米，深绿色，叶肉厚，香味浓，品质好。分株能力弱，年收割 3 至 4 刀，亩产鲜韭 4 000 千克左右。抽薹迟，花茎较少，产量低。耐寒性较好，适合我国北方露地和保护地栽培。

图 4-26　世纪薹韭

（二）薹用韭菜品种

1. 世纪薹韭

该品种属叶薹并用型韭菜。保护地栽培，可四季抽薹，株型直立，长势旺盛，生长迅速，叶片宽大肥厚，叶色浓绿，抗倒伏，分蘖力强，抗寒、抗病、优质、高产、适应性广泛，在我国各地均宜栽培种植（图 4-26）。

2. 四季薹韭

该品种属叶薹兼用型韭菜，以抽薹为主，同时可兼顾收割部分青韭。株高 45 厘米以上，叶色深绿，长势旺盛，分蘖性、抗寒性、早发性均较强，对日照不敏感，温度在 10℃ 以上时，可连续抽薹。利用保护地可提早抽薹期为 2 月下旬前后，延期至 10 月中下旬。一般每隔 2~3 天采薹一次，薹高

图 4-27　四季薹韭

50~60 厘米，单薹重 10 克左右，年亩产韭薹 3 500 千克，青韭 1 500 千克以上。适应性广范，在我国各地均宜栽培种植（图 4-27）。

3.新育薹韭王

该品种属于叶薹兼用型薹韭新品种。生长迅速，长势旺盛，株高 55 厘米左右，叶宽 0.9~1.5 厘米，叶色浓绿，韭薹长而粗壮，薹高 50 厘米左右。一般单薹重 10 克左右，韭薹色泽翠绿，口感鲜嫩，风味极佳。耐寒，抗病，产量高。一般从 3 月中旬开始采收，10 月中下旬结束。在 5~9 月为采收盛旺期，每 2~3 天可采收一次。年亩产韭薹 3 800 千克左右（图 4-28）。

图 4-28　新育薹韭王

（三）花用韭菜品种

南北韭薹花

中国河南省扶沟县韭菜研究所开发的国内最新品种，南北韭薹花生长的最佳适温为 20℃，发芽最适温 15~20℃。南北韭薹花喜光，在光照充足条件下，抽薹快且抽薹多，但光照太强会增加纤维素，产品品质稍有降低。3-10 月均为高产期，其中尤以 7-8 月产量最高，每亩日产量超过 30 千克。11 月至翌年 2 月由于气温低，产量偏低，但质量较好。当抽出的幼嫩花长 35~40 厘米、顶端花苞由扁平转为微鼓胀时为采收适期。韭薹花抽生速度快，收获时可每天采收 1 次，若逢低温时隔 2~3 天采收 1 次（图 4-29）。

图 4-29　南北韭薹花

图4-30　韭黄一号

图4-31　黄白金韭

（四）韭菜软化栽培品种

1. 黄韭一号

该品种株丛直立，叶宽肥厚，成株高50~55厘米，味鲜脆嫩，纤维素极少，柔嫩质优，生长快，产量高、耐寒、耐肥、耐高温高湿，喜黑暗无光环境，抗病强。比一般的韭黄品种分蘖力强，假茎粗不易倒伏，跑马根少，不易浮蔸上长，在黑暗条件下生长速度较快，是当今韭黄生产最理想的软化栽培品种（图4-30）。

2. 黄白金韭

该品种是河南省扶沟县韭菜研究所提纯复壮的一个顶级韭黄品种。韭黄株高65厘米左右，在无光条件下生长迅速且株型挺立，稀植茎为圆形，茎金黄白色，韭黄叶片短、茎粗长，纤维少而细，口感辛辣鲜香脆（图4-31）。

3. 台湾黄韭王

该品种是由我国台湾育种专家根据华东地区气候特点与国内优秀韭黄品种杂交培育的高档韭黄新品种。本品种抗病性与高产性得到了全面的升级，属华东地区韭黄专供品种。株高可达55厘米，味鲜脆嫩，柔嫩质优，生长快，株型直立，茎秆银白、叶色金黄、叶片肥、辛辣味浓，产量高。具有耐寒、耐高温高湿，喜黑暗无光环境，抗病性强等优点，比一般的韭黄品种分蘖力强，假茎粗不易倒伏，在黑暗条件下生长速度较快。平均每刀亩产1 200千克，最高可达1 800千克左右，是当今韭黄生产最理想的软化栽培品种之一（图4-32）。

4. 黄金韭F1

该品种株丛直立性极强，茎秆银白，叶色金黄自然，叶宽大肥厚，成株高60~65厘米，味鲜辛辣脆嫩，纤维素极少，质优柔嫩，长势直立生长快，产量高于一般常规品种的40%以上，耐寒、耐肥、耐高温、高湿，喜黑暗无光环境，综合抗性强等优点，比一般的韭菜品种生长快，分蘖力强，茎秆粗壮不易倒伏，跑马根少，不易浮菟上长，在黑暗条件下生长速度较快，适合长江流域、北方和华南广大种植地区的韭黄生产，年收割2~3刀，亩产韭黄4 500~6 500千克，是当今韭黄生产中最理想的软化栽培品种之一（图4-33）。

图4-32　台湾黄韭王

图4-33　黄金韭F1

第五章　设施韭菜栽培管理技术

第一节　韭菜栽培方式

古人称韭菜为"懒人菜"，是指韭菜适应自然环境能力较强和一次种植多次采收的特点。我国广大菜农在长期的生产过程中不断总结积累经验，充分利用韭菜的特征特性，依据各地的具体条件，创造出多种多样的栽培方式，在不同季节生产出各种风味的韭菜产品，满足人们的需要。20世纪70年代以来，由于塑料薄膜在蔬菜生产上的广泛应用，更加丰富了韭菜的栽培方式，真正做到了周年生产和周年供应。

一、露地栽培

露地韭菜栽培，是指从播种到收获不加任何防寒保温设备，只是进行田间肥水管理进行韭菜生产。北京及华北大部分地区，一般是头一年春季播种，第二年清明节后收获头茬韭菜上市。韭菜的收获茬次和两次收割之间的间隔时间，主要根据韭菜的长势来决定，一般是按照收获与养根相结合的原则，适当考虑市场需要，或者只在春季收获2~3茬，或者从春季一直收获供应到秋季，次年继续生产。这种栽培方式，投资少，成本低，适于大面积生产。

二、风障栽培

这种栽培方式，是春季播种，当年立冬前后土地封冻前在韭菜畦的北侧夹一排东西走向的风障。由于风障能遮挡西北风，削弱风力，在风障南侧形成一个背风向阳的小气候环境，能够显著提高风障前的地温，使生长在风障前的韭菜比一般露地韭菜返青发芽早，生长快，提前上市。

风障畦栽培韭菜，一般多在春季和初夏收2~3次即停止收割，开始养根。其供应期，在华北地区是 3 月中旬到 6 月上中旬。秋天基本上不收割，否则不仅延迟第二年返青收割，并且还会影响产量和品质。华北地区风障加小拱棚覆盖栽培可使供应期提前，从元旦开始就可供应市场，从而提高经济效益。

三、塑料薄膜覆盖栽培

韭菜塑料薄膜覆盖栽培，简称薄膜盖韭或薄膜扣韭，是韭菜保护地栽培中的重要方式。塑料薄膜种类、规格多，透光、增温、保湿性能好，质地柔韧，轻便，耐拉力强，装折方便，可任意塑形，架材易得，投资少。产品色味俱佳，品质好，适合人们食用习惯。栽培技术易于掌握，产量稳定，产值高，经济效益显著，有效地发挥了保护地在冬春蔬菜生产中的作用。

薄膜盖韭有大棚、中棚、小拱棚、改良阳畦以及大棚扣小棚和近地面覆盖等多种形式。其中加盖草帘的中棚和改良阳畦保温性能好，相当于或稍逊于日光温室，在京津地区，冬季进行盖韭栽培，第一茬产品可在元旦供应。一般的大棚和小拱棚等受保温性能的限制，在冬寒期间不能生产，仅可做早春提前栽培，收获期介于中棚和风障栽培的中间。

四、温室栽培

在温室中栽培韭菜有两种方式，一种是日光温室盖韭栽培；另一种是囤韭栽培。

1. 温室盖韭栽培

温室盖韭栽培是在培养根株的地块上临时建起温室进行盖韭栽培，或者是在温室建成后，在栽培畦上定植韭菜根株，待冬初营养回根后扣上塑料薄膜进行韭菜栽培。温室盖韭栽培，可应用加温温室或日光温室。前者除利用太阳光能提高室温外，还有人工加温设备，可保证韭菜生长所需的温度条件，适合于在东北、内蒙古和华北等比较寒冷的地区应用。但因需要燃料以及相应的加温设备，成本高，经济效益较低。近年来山东、河南、河北南部及京津地区，日光温室盖韭栽培发展较快，不仅节省了燃料，而且也节省了管理用工，因而降低了生产成本，提高了经济效益。

2.温室囤韭栽培

温室囤韭栽培是将培养一年或一年以上贮存养分的韭菜根株，于冬初营养回根进入休眠之后挖出，密集囤栽于温室栽培床中，供以充足的水分和适宜的温度条件，打破休眠，使之利用贮藏的养分发芽生长的栽培形式。韭菜根株中贮积养分的多少，直接影响产量的高低和品质的优劣。故欲行囤韭栽培，必先培养健壮的根株。

囤韭栽培在有光照条件下，其产品为绿色，称之为"青韭"，遮避光照在黑暗环境下生长者，其产品呈黄色称为"黄韭"或"韭黄"。青韭叶色碧绿，柔嫩鲜美，香味浓厚，颇受广大消费者欢迎。韭黄颜色淡黄，无纤维，品质鲜嫩，风味独特。囤韭栽培，同一栽培床可囤栽两次，收割6茬，为了分期上市，可排开囤置，一般供应期可从大雪起到第二年春分。

囤韭栽培，除利用温室、日光温室等场地外，还可根据当地条件，利用阳畦、窑洞、井窖等各种场地。

第二节　韭菜育苗技术

韭菜可直播或育苗移栽。两种方式各有优缺点，直播方式能够节省大量的劳动力，不需要定植。省工省事，见效快，一般秋季便可收割上市，或进行冬季覆盖生产。缺点是韭菜种子使用量大，用地面积大且时间长，苗期管理不便，病虫害及杂草发生频繁，尤其是在黏土地或地下害虫严重地块易缺苗断垄，出苗不齐全，不利于培养壮苗。且第2年跳根现象严重，影响产量，只能采取覆土及重新移栽的办法解决。

育苗移栽可节省土地，便于田间管理，定植时又可选苗，栽植疏密一致，也便于田间管理，又可深栽减缓跳根影响。还可以利用韭菜的分蘖特性，稀栽发大垄，节省种子。缺点是费工费时，而且一般当年无收益，只能翌年春季开始收获。

一、直播与育苗移栽

（一）直播（图 5-1）

1.播种适期

韭菜直播栽培一般来说，从温度升高土壤解冻到秋分时间段内可以随时播种。但韭菜性喜凉爽，在高温多雨季节播种出苗率比较低，幼苗生长纤弱，因此，以春秋播种为宜。春播在土壤解冻后可陆续播种，要求种子萌芽和幼苗生长需要在月平均温度15℃的气候条件下。至于秋播，需要满足幼苗在越冬前长出 3~4 片真叶为好，具体时间应在越冬前有 60 天以上生长期。秋播不宜过早也不宜过晚，播种过早，温度高，幼苗生长快，生长纤弱，在越冬时容易遭受冻害；播种过晚，幼苗过小，抗寒性差，越冬时也容易遭受冻害出现死苗。结合我国的具体气候特点，北方地区基本以春播为主，高寒地区则以秋播为宜。

图 5-1　韭菜直播育苗

2.整地施肥

在选择地块时，适宜选择土壤肥沃、地势高、排水良好、土质疏松、透气性好、便于管理，没有盐碱或者盐碱较轻的地块。一般来说，壤土或者沙质壤土种植韭菜较为合理。注意轮作，前茬是葱蒜类作物的地块，则不宜用来种植韭菜。

韭菜喜肥，为了满足韭菜的生长需要，要施足基肥，以腐熟有机肥为主，一般每亩地施圈肥 7 500~10 000 千克，过磷酸钙 100~150 千克，腐熟饼肥 100~200 千克，碳酸氢铵 50 千克。基肥应在翻地前普遍撒施，将肥料与土壤充分混合，掺匀。

3.种子处理

直播方式对韭菜种子的要求比较高，在播种前要对韭菜种子进行甄选、处理。首先，韭菜种子要用新籽。可干籽直接播种，也可进行浸种催芽（方法见移栽育苗）处理后再播种。

4.播种

直播的播种方法以宽幅条播为主，有平畦直播、平地沟播两种方式。

（1）平畦直播。直播前整地做畦，平畦后开沟，畦面要稍微高于四周的地块，以方便排水。以行距 20 厘米，沟宽 10~12 厘米、深 2~3 厘米开浅沟。播后用湿润的细土将播种沟覆平。播前如土壤干旱，要先浇水，略干后再开沟播种。

（2）平地沟播。平地沟播是在土壤整平后开沟，标准以行距 30~40 厘米，沟宽 15 厘米，沟深 8 厘米，沟帮要踩实。播种前在沟内灌水，待水完全渗下后，将韭菜种子播于沟内，然后覆土，覆土厚 2~3 厘米，稍加压一下即可。以后随韭菜植株的生长，逐渐将播种沟培土成垄。

（3）用种量。直播每亩用韭菜种子 2~4 千克。播种之前要求整地细致，除尽杂草，保持底墒，撒种均匀，覆土厚薄一致。播种后可施用化学除草剂除草。

（二）育苗移栽

1.苗床准备

在苗床地块的选择上，要选择土壤肥沃、土质疏松、透气性好、旱能浇、涝能排的高燥地，最好是沙壤土，便于苗期管理，起苗时少伤根。注意轮作，前茬作物以瓜类、茄果类、豆类、马铃薯、叶菜类等为宜，切忌与葱蒜类蔬菜连作。

韭菜出土能力弱，播种前精细整地是保证全苗的技术关键。经过秋翻、风化的土地，在临近播种前再行浅耕，细耙，然后做畦。育苗畦一般畦埂高10~14厘米，宽10~12厘米，要踩实，拍平，以防因雨水冲淋掩埋埂边幼苗，同时便于管理操作。畦的大小视地块平整状况灵活掌握，一般宽1.3~1.5米，长8~10米。

韭菜是一种极耐肥的蔬菜，要培育出健壮的韭菜苗，在选好地块的前提下，还必须施入充足的有机肥做底肥。每亩施入优质有机肥7 500~10 000千克，过磷酸钙100~150千克，磷酸二铵50千克，使粪土充分混匀。若土壤墒情不好，应先浇一次水，待2~3天后土不黏时，再施肥整地。为了防止烧苗和生蛆，施用的有机肥必须充分腐熟、过筛，千万不要施用生粪（图5-2）。

图5-2 施肥整地

2.播种时间

育苗移栽方式的播种时间，根据各地气温不同而略有不同。一般来说，韭菜种子发芽的适宜温度为20℃，幼苗生长的适宜温度是15℃。定植后适宜成长的温度是12~24℃，最高不超过24℃。在这个温度内，幼苗根部发育较好。因此，南方冬播、春播、秋播均可，当年定植；北方春播，露地育苗在4月上旬至5月上旬播种，施育苗可根据实际情况提前播种，设当年定植。

3. 浸种催芽

韭菜可用干籽播种，也可浸种催芽，应依据种植季节、气温的高低等情况酌情采用。早春播种，土温和气温偏低，为了争取快出苗宜进行浸种催芽。晚春或初夏播种，温度条件适宜，可不行浸种催芽或只浸种不催芽。

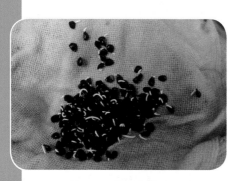

图 5-3　韭菜催芽

浸种催芽的方法是在播种前4~5 天，把种子放入 30℃左右的温水中，约经 24 小时后去掉浮在上面的瘪籽和杂物，用冷水淘洗干净捞出，用干净的纱布为里层，干净的湿麻袋为外层包裹好，放在 15~20℃的温度条件下进行催芽。在催芽期间，每天用清水淘洗一次，经 3~4 天即可露芽，便可用于播种（图 5-3）。

4. 播种方法

图 5-4　苗床播后浇水

播种方式主要有撒播和条播两种。撒播（图 5-4）是将韭菜种子均匀播种在畦内。这种方式幼苗分布均匀，长势好，但管理不方便；条播是将韭菜种子播在行距 10~12 厘米，深 1.5~2 厘米，宽 2 厘米的浅沟里，幼苗生长略显拥挤，长势受到影响，但管理方便。少量育苗也可用穴盘播种。

播种时根据苗床内浇水的先后，可分为干播法和湿播法两种。干播法，顾名思义，是先播种，覆土镇压后浇水，2~3 天后再灌 1 水。这种方法需水量大，在幼苗出土之前的整个时期，畦面都应保持湿润，防止土面板结影响幼苗出土；湿播法是先浇足底水，待水渗下后播种，然后覆盖 1 厘米左右的细土。在韭菜种子出土时，再覆盖细土 0.5 厘米左右。这种方法需水量少，同时能够减少水分蒸发，保持底墒，提高地温，有利于幼苗出土。此外，播种后盖地膜，可增温保墒，促进快速出苗。

5. 播种量

在具体的播种量方面，要注意科学合理密植，不宜过密也不宜过稀。播种过稀，韭菜苗期叶片小，生长量小，浪费土地，且容易长杂草；播种过密，幼苗稠，影响生长，后期影响植株发育。一般以每亩育苗地需 5~7.5 千克韭菜种子为宜，每亩地幼苗可栽5~8 亩菜田。尽量用新种子，如果是陈种子，最好先进行发芽试验，一般发芽率应在 70% 以上才能用，且用种量根据发芽率情况酌情增加。

二、苗期管理

韭菜播种后，要注意观察幼苗出土的情况，根据具体的出苗情况采取相应的管理措施。韭菜子叶以弯钩的形式伸出地面，称"拉弓"。随着胚茎继续生长，子叶尖端开始出土，称为"伸腰"。韭菜出土所需要的时间，应根据具体的区域以及气温条件而定。北方地区 3 月上旬播种，由于播种时气温较低，需要 20 天才能出土；在 4 月上旬左右播种，气温开始升高，需要 12~15 天；在5 月份播种，由于温度满足了韭菜种子发芽的需求，一般只需要6~7 天。由于韭菜籽种皮比较坚硬，不易吸水，且保水力差，发芽缓慢，而且又是"门鼻样"拱形出土，顶土能力弱。在覆土不深的情况下，只有保持土壤湿润才能正常出苗。播种后浇一次小水，简单加盖地膜或废旧塑料薄膜保墒。接下来要小水勤浇，以3~4 天浇一次水为宜。当韭菜种子发芽后，要及时揭去地膜，以防膜下高温造成伤苗。

幼苗出土后，在管理技术上掌握前促后控的原则。幼苗出土长出第一片真叶到 3~4 片叶时，植株根系细弱且多分布在土壤表层，因此，不可缺水，要保持畦面湿润，一般每隔 5~7 天浇一小水。当幼苗长出 5 片叶，苗高 15~18 厘米时，根系已比较发达，可适当控制浇水，以防徒长，防止苗子过高过细，"入伏"后发生倒伏。从苗高 15 厘米左右到雨季之前应结合浇水追肥 2~3 次，每次每亩追施尿素 10~15 千克，这对培育壮苗有重要作用（图 5-5）。

幼苗出土（拉弓）　　　齐苗（直钩）　　　　　幼苗长成

图 5-5　韭菜幼苗生长过程

　　韭菜苗床草害的防治，是一件十分费时费力的工作。因为韭菜幼苗期时间长，为 60~70 天，叶片小，生长慢，易造成杂草丛生，与幼苗争夺阳光、养分和水分。目前，最好的办法就是施用化学除草剂。幼苗期防治杂草使用的除草剂是在韭菜播种后到杂草出土前喷用。如使用 33% 的除草通乳油效果较好，播种后，每亩用药 100~150 毫升，对水 50~70 千克，均匀喷洒于畦面，此药残效期长而安全，在韭菜出苗后仍可使用，基本上可免去人工除草。

　　夏天天气炎热多雨，韭菜叶片生长缓慢，一般不再浇水、追肥，主要是防涝、除草，不能使畦面积水，以免造成韭苗倒伏烂秧。

第三节　设施青韭高效栽培技术

一、风障韭菜栽培技术

　　韭菜实行风障栽培模式，是利用了风障遮挡北风，改变风障前韭菜畦的小气候，早春有明显的提高地温促使韭菜提早发芽的作用，因而早春可使韭菜提早成熟，提早上市，增加效益。且风障畦取材方便简单，利用田间作物的秸秆，比如高粱、玉米、小竹竿、芦苇等，直立埋于韭菜畦北侧，防御寒风，提高小气候温度。借助这种方式，可以提高韭菜生长的温度，使韭菜提早上市，获得较高的经济效益。一般来说，风障畦后面加一层稻草，能够提高风障畦防寒、增温效果。风障畦一般东西延长，风障前可建宽 1.5 米、长 8~15 米左右的畦 3~4 个。在风障畦背后留出走道。

（一）品种选择

在品种选择方面，韭菜风障栽培要选择适应性强、分蘖力强、假茎粗、叶片肥厚、品质佳的品种。各地都有适应性较强的优良品种，比如大青苗，汉中冬韭、独根红、多抗四季青、平韭四号等。

（二）整地作畦

韭菜虽然对土壤的适应性较强，但为夺取优质高产，应选择土质疏松、肥沃、有机质含量高，2年以上未种过葱蒜类蔬菜、排水良好的沙质壤土或壤土地，前茬最好是种植春甘蓝、春菜花或采种白菜地，这样到6月下旬即可净地。

前茬作物收获后，应及时清洁园田，浅耕细耙，然后再按照田间布置的要求作畦。在华北地区，风障高度一般在2.5米左右，冬春季防风保温有效范围为3.5~4米。风障和菜畦均为东西走向。每四畦为一组，第一畦风障沟，畦宽0.9~1米，用于埋设风障用。第二畦为热畦，畦宽2.2米，主要用于栽培韭黄、韭青、韭薹用。第三个畦为土沟，畦宽1.5米，供栽培韭黄时晒土取土用（如果只用于青韭栽培，也可不设土沟）。第四个畦为冷畦，供栽培韭菜用，畦宽2.2米。因四个畦中有两个栽培畦故称连二畦排列法（图5-6，5-7）。畦的长度可根据地势是否平坦而定，一般为10~15米。畦作好后，按每亩施发酵好、捣碎的优质有机肥4 000~5 000千克，磷酸二铵20~30千克，分畦撒施均匀，翻刨两遍，使粪土充分混合，然后耙平。

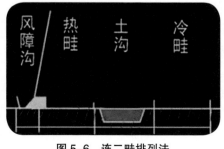

图5-6 连二畦排列法

图5-7 风障畦

（三）定植

1. 起苗

韭菜在定植前 3 天左右，要浇一次小水，为起苗做准备，同时防止起苗时伤根。起出的苗子要进行甄选，将根少、断折、病株以及畸形的幼苗及时剔除，将韭苗以小鳞茎为标准对齐，以 30~40 株为一把，留根 2~3 厘米，剪去过长的须根，这样既有利于缓苗，又容易田间作业。起苗时要注意天气，避开炎热高温多雨的季节。另外，为减少叶片水分蒸发，维持植株生理平衡，有利于快速缓苗，应剪去叶上端部分，保留叶片下部分，长度控制在 8~10 厘米。起苗的量根据具体情况来确定，最好是当天起的苗，在当天就要移栽完毕。

2. 定植

（1）定植期。定植期应根据播种早晚和秧苗大小而定。株高 18~20 厘米，7~9 片叶时是韭菜定植的适宜苗龄。春播在播后 60~70 天定植，春分至清明播种的，夏至以后定植；谷雨至立夏播种的，大暑前后定植；如韭苗长势瘦弱偏小可于第 2 年早春移栽。秋播的，第二年清明后定植，韭菜的定植期最好避开高温高湿季节，否则土壤含水量过多，氧气含量不足，影响新根发生甚至引起烂根。气温过高，蒸腾作用过盛，容易引起叶片过量失水而枯干，延迟缓苗。定植过晚，当年秋季生长时间短，鳞茎积累的养分少，影响第二年春季的产量。

（2）定植方法。合理密植是韭菜高产稳产的关键，其适宜密度应根据栽培方式和品种的分蘖能力强弱来决定，以促进分蘖、持续高产、便于管理为原则。韭菜定植，目前常用的栽植方法有小垄丛植、小丛密植、单株密植以及宽垄墩植，不同的栽植方法，标准和要求也不尽相同。

① 小垄丛植：小垄丛植即每丛 20~25 株，丛距 15 厘米左右，行距 20~25 厘米，每亩栽苗 30 万株左右，宽叶韭和窄叶韭均适用（图 5-8）。

② 小丛密植：小丛密植主要用于青韭生产，优点是管理方便，

除草省工，但产量略低。每丛栽 6~8 株苗，丛距 8~9 厘米，行距 20~25 厘米，每亩栽苗 30 万株左右，适于窄叶韭栽培（图 5-9）。

图 5-8　小垄丛植

图 5-9　小丛密植示意

③ 单株密植：单株密植一般株距 1.0~1.5 厘米，行距 30~35 厘米，每亩栽苗 15 万 ~20 万株，适于宽叶韭菜栽培。优点是植株生长强壮，产量高，但栽植、管理成本高，杂草较多（图 5-10）。

④ 宽垄墩植：宽垄墩植每

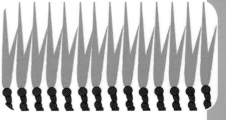

图 5-10　单株密植示意

墩 30~40 株，墩距 15~20 厘米，行距 30~ 35 厘米，每亩栽苗 30 万株左右，适于宽叶韭栽培（图 5-11）。

图 5-11　宽垄墩植

上述定植方式各有优缺点，如单株密植，单株粗壮，

产量高，但管理费工；宽垄墩植，产量高，管理省工，但丛内有弱苗，且要求土壤肥力高。采用何种定植方式，生产者应该根据自己的生产条件和当地市场需要来决定。

为了避免大缓苗和提高成活率，应采取随起苗、随理苗，随

图 5-12　整理好的幼苗

栽随浇水的定植方法。理苗（图 5-12），就是要把大小苗分开，淘汰弱苗，剪去根梢和叶梢，然后按定植每丛用苗数把鳞茎比齐，一把把放好。栽植深度，以不超过叶鞘为宜，过深分蘖减少，不易发根，过浅容易散撮，生长寿命短。栽植时还要注意，穴坑要深，使韭苗根系舒展开，这样有利于缓苗和生长。

3. 定植后管理

定植后及时浇水，促进缓苗。当新叶长出后浇缓苗水，促其发根长叶，而后中耕保墒，保持土壤见干见湿。

（1）水分管理。韭菜定植后应及时浇定植水，使根系与土壤紧密结合，保证幼株成活。定植水的水量不宜过大。当缓苗后新叶长出后浇缓苗水，此时新根发出，新叶长出，这次浇水量要大一些。同时，结合浇水，要追施一次，可以施一些速效肥。

在满足幼苗生长对水分要求的同时，还要注意排水防涝。尤其是夏季高温节，湿度过高，韭菜生长会出现停滞现象，叶片容易腐烂，这期间要做好排水工作，以免烂根死苗。

进入 9 月之后，天气日渐凉爽，气温在 12~24℃，雨量减少，光照充足，适宜叶片生长和分蘖，是韭菜生长的重要时期，也是肥水管理的关键时期。韭菜越冬能力和来年长势主要取决于冬前植株积累营养物质的多少，而营养物质的积累又取决于韭菜秋季的生长状况，因此，要加强肥水管理。在此期间，浇水的原则是要见干见湿，即畦面发干时浇水，但切忌大水漫灌。一般每隔 5~7 天浇一次水，结合浇水追施速效氮肥 2~3 次，每次每亩追施尿素 10~15 千克。以满足韭菜生长发育需要，使植株健壮，增加养分积累，便于安全越冬。还要注意及时除草，寒露以后，天气渐冷，生长速度减慢，叶片中的营养物质逐渐贮藏于鳞茎和根系中。此时根系吸收能力减弱，叶面水分蒸腾减少，应减少浇水保持畦面不干即可。要防止浇水过多，致植株贪青，养分回根晚，影响根系养分积累。

当立冬之后，外界气温降至 -5~-6℃时，地面开始冻结。此时，根系活动基本停止，叶片经过几次霜冻逐渐枯萎，进入休眠。在这个时期，为防止韭菜地下根茎遭受冻害，防止第二年早春受旱害,在土壤上冻前要浇足冻水,为确保韭菜安全越冬和翌年早返青。浇冻水的适宜时间是以土壤夜冻日融时最合适,浇早了地面没有结冻、水分容易蒸发,不能蓄水;浇晚了地面结冻,水分不能下渗,根系容易缺氧窒息。华北地区一般是小雪节前后浇冻水。

(2)中耕除草。韭菜地容易发生草荒,尤其是在炎夏高温多雨季节,气候环境适宜杂草生长。生长势强的杂草,会与幼苗争夺阳光和养分,影响韭菜的生长,应及时铲除。一般来说,蹲苗前中耕1次,耕深3厘米左右。以后还应在韭菜生长过程中中耕除草2~3次,不便于中耕松土的地块,应随时拔除杂草。

(3)立风障。风障韭菜栽培冬前应立好风障。华北地区土地封冻的时间多在小雪节以后,因此,夹风障的时间应在小雪节前,过早会使韭苗贪青不利于营养"回根",过晚则土壤结冻不便于操作。

夹风障的材料以芦苇最好,因为它有弹性,防风效果好。也有的用玉米秸作主要材料,还有用竹竿做骨架,背后用稻草作披风或覆以旧农膜等。用芦苇夹风障,10米长的畦需要芦苇40~50千克,还需6~7千克稻草作披风,以提高保温效果。如果用玉米秸夹风障,夹厚一点,一般可不再夹披风。为了扩大风障的防护范围和提高防寒保温效果,应该尽可能将风障夹厚一点,高度应该在2.5~3米,并使风障稍向南倾斜,使之与地平面呈70°~75°角(图5-13)。另外立风障所用材料根据当地的习惯及取材方便与否,各地多有不同。如现在寿光韭菜种植为了搭设风障方便及减少风障占地面积一般都采用薄膜+反光膜风障(图5-14)。

图5-13 传统风障(以植物秸秆为主要材料)

图5-14 薄膜+反光膜风障

4. 第二年及其以后的管理

风障韭菜播种后或定植当年一般不收割，主要是发棵养根，从第二年春季开始正常收获。管理技术与播种当年大同小异，主要应围绕"培根壮秧"这一中心，根据韭菜的生长规律、生理特性和形态表现来确定管理措施，正确解决收割与养根、当年效益与延长寿命及持续高产的关系。

（1）春季管理。立春后，气温回升，风障前土壤开始解冻。在韭菜返青后应及早清除地面枯叶杂草，俗称"刮毛"，用铁耙子耧松表土，耧平畦面，修好畦埂，以利于提高地温，促使根系生长。在水分管理方面，早春由于气温低，叶片蒸发量小，浇水要根据当时天气和土壤墒情而定。土壤潮湿，土壤墒情好时，第一刀收获前一般不浇水。如果冬季无雨雪，土壤干旱可浇一次小水，待 2~3 天后表土不黏时，再用铁耙耧松表土。

为使韭菜早上市，越冬时可在畦面上均匀撒施充分腐熟的优质有机肥，每畦 100 千克左右，以利于保温。当土壤解冻韭菜发出新芽时，可追稀粪水，有助于嫩芽新生。过 3~4 天后中耕，将越冬覆盖的粪土等翻入土中。苗高 15 厘米左右再浇 1 次水，可提高春韭品质，随后收获。每次收割后都要中耕松土，中耕松土可以提高土温，促苗生长，防除杂草。韭菜只有养好根，才能长势旺、分蘖多、寿命长、产量高、品质好。

两年以上的老根韭菜，除一般管理外，为避免韭菜跳根现象的出现，还需要通过覆土来限制跳根，促进新根生长，延长植株寿命，防止植株倒伏。覆土在时间安排上，应在早春土壤解冻，新芽萌芽前进行。由于韭菜具有跳根的特性，使鳞茎和根系不断向地表延伸，往往使根茎裸露于地面，不仅影响植株生长，而且植株容易倒伏，为此需要逐年覆土。覆土的细土应在前一年准备好，要求土质肥沃、物理性状好，并过筛，堆在向阳处晒暖，培土可以提高地温，促进早熟。覆土要在晴天中午进行，每次覆土厚度应根据韭菜每年跳根高度而定，一般为 2 厘米左右。另外韭菜生长期间也要培土，以防止韭菜倒伏，加速叶鞘伸长并起到软化叶鞘的作用，从而使韭白增加，提高产量和品质。当韭菜长到

10 厘米高时，开始进行培土，每次培土 3~4 厘米，共进行两次。

对于 3 年以上的韭菜植株还需要进行扒根晒根的特殊管理。扒根晒根，在早春韭菜萌发前进行。当 3 月上旬前后，气温上升到 2℃以上时，土壤开始解冻。此时，要用铁锹将根周围的土壤挖深、宽各 6 厘米左右，将每丛株间土壤剔出，露出根茎，剔除枯死根蘖和细弱分蘖，并将挖出的土壤摊于行间晾晒。这一措施能够提高地温，剔除弱株，冻死根蛆，促进根系生长，防止雨季植株倒伏和腐烂，并有防早衰和软化叶鞘的作用。

在追肥方面，韭菜除施用基肥外，还要做到"刀刀追肥"，即每次采收后，最少追用 1 次肥料，以补充养分，有时还需要 2 次。一般安排在采收之后新叶长出 5 厘米左右时，结合浇水同时追肥。如果需要追 2 次肥，要在采收前 7~10 天结合浇水进行。同时，需要注意，追肥要在植株伤口愈合后，新叶长出之后再施入，切忌收割后立即追肥，以防造成肥害。追肥应以速效化肥为主，也可以用人粪尿或者鸡粪水。

春分节后，原来和地面呈 70°角的风障，15:00 以后会逐渐对并一畦遮荫，妨碍韭菜生长，因此，春分以后需要把风障直立起来。立夏以后，天气已经暖和，风障已无保留的必要，应及时撤掉。

（2）夏季管理。韭菜不耐高温。在高温雨季光合作用降低，呼吸强度增强，植株长势减弱，呈现歇伏现象。由于气温高，叶部组织纤维增加，品质下降，一般不再收割。雨后排水防涝，防止倒伏和腐烂，并加强除草，防止草荒。高温雨季，各种杂草生长迅速，极易造成草荒，而人工除草费时费工，应用化学除草效果很好，根据各地经验，韭菜收割伤口愈合后，每亩施用 48%氟乐灵乳油 150~200 毫升，对水 50~70 千克，喷药后中耕混土，同时清除大草。以后视情况可再施用一次 33%除草通乳油，每亩150 毫升。沟、路田边因不种植作物，可选用 10%草苷磷胺盐液剂，每亩用药 500~800 克，对水 50~70 千克喷于草上。整个夏季喷药两次，可基本除灭杂草。

（3）秋季管理。进入 9 月以后，天气逐渐变凉，韭菜又进入旺盛生长期，要加强肥水管理和防止韭蛆危害。从处暑到秋分节，根据植株长势可以收割 1~2 刀，但在当地韭菜凋萎前 50~60 天应停止收割，并及时施肥浇水使之积累充足养分贮存于根茎中，这样既能增强植株越冬抗旱能力，又能为翌春返青生产打好基础。

5. 采收

韭菜光合作用所制造的营养物质既用于叶部的生长，也贮藏于根茎中。叶部收割后，还要靠根茎中贮藏的营养物质供新叶生长，而产品的收获必然降低根茎中的营养含量，所以，正确处理收割与养根的关系，是韭菜持续高产的关键。

一般来说，韭菜是移栽后第二、第三年的产量最高。移栽当年不采收，主要是发棵养根。第二年最好只收 3 刀，收割后加强管理，促进壮根发棵。无论直播，还是移栽的韭菜，播后第二年都进入正常的收获期。

韭菜再生能力强，生长速度快，一年可收割多次，但为持续高产，防止早衰，应严格控制收割次数。每年收割次数的多少，要看生长势的强弱和施肥管理水平而定。一般每年收割 4~5 刀为宜，收割季节主要在春秋两季。风障韭菜第一刀应早收，这样虽然产量低，但价格较高，当植株长到 20 厘米左右时，大约在春分前后就可收割，过一个月左右收第二刀。以后由于市场进入蔬菜旺季，各种蔬菜价格普遍下降，所以，第三刀韭菜可适当晚收，使叶片长足，并有部分营养物质贮藏于根茎中，弥补前两刀收割后的物质消耗，一般在第二刀割后的 30~40 天收割。露地韭菜的收割比风障韭菜晚 15~20 天，即在清明节后收第一刀。

韭菜每次收割的留茬高度必须适当，留茬过高影响本茬产量和质量，过低损伤根茎，严重影响下茬的生长和产量。留茬高度宜以鳞茎上 3~4 厘米，在叶鞘处下刀为宜，切勿伤及"葫芦"。有人试验表明，刀口距鳞茎 1 厘米处的比在 3 厘米处的下茬产量，要减少 20%~30%。正如农谚所说，"扬刀一寸，等于多上一次粪"。韭菜宜晴天早晨收割，可以保持产品鲜嫩，避免在炎热的中午和阴天收割，以免韭菜萎蔫和腐烂。收割后要及时清理畦面，锄松，搂平，以利伤口愈合。

韭菜耐水肥，每次收割后当新叶长到 3~5 厘米高时，即应及时追肥、浇水。每亩可追施尿素 10~15 千克，也可随水浇灌充分发酵后的粪稀水。有条件的可同时施入优质有机肥，每亩施 1 000~1 500 千克，但一定要充分腐熟，切忌使用生粪。

二、小拱棚韭菜越冬高效栽培技术

韭菜适应性比较强，生长速度快，一次播种多次采收。然而，在冬季气温较低时，韭菜进入休眠期，以宿根状态越冬。近年来发展起来的小拱棚韭菜越冬栽培，实行反季节栽培，使 12 月至翌年 3 月也可以采收 4~5 刀韭菜，亩产量可达 3 000~4 000 千克，且小拱棚种植韭菜投资少，见效快。它仅仅使用竹片，塑料薄膜为材料，省去了大量的建设投资。能产生较高的经济效益。现将其栽培技术介绍如下。

（一）品种选择

目前，我国的韭菜品种有 100 多种，但不是所有的韭菜都适合拱棚种植。小拱棚韭菜宜选用抗寒性强、分蘖力强、休眠期短、生长快、叶片肥厚宽大、抗病力强的品种。目前主要是 791 韭菜、诸城大金钩、寿光马蔺韭、寒青韭霸、雪莲六号等。

（二）选地与整地

韭菜喜肥好湿，在选择地块时，适宜选择土壤肥沃，富含有机质，排灌方便、土层深厚的田块。深耕翻，每亩施干鸡粪 1 500 千克＋硫酸钾复合肥 50 千克，或优质农家肥 5 000 千克＋硫酸钾复合肥 50 千克，还可适当施入硫酸亚铁、硫酸锌、硫酸锰等微肥。施肥后将肥料与土壤充分混匀。

因为韭菜的生长离不开太阳的照射，所以整地的时候，要采用东西向延长的长畦，畦的宽度在 2~3 米，能够保证棚内韭菜均匀的受到阳光照射。

（三）播种及苗期管理

在韭菜种子播种时间上，露地播种一般以 4 月上旬为宜，利用小拱棚播种育苗可提早到 2 月中下旬至 3 月上旬。直播每亩播种量为 2~4 千克。播种时要采用新籽，将韭菜种子晾晒 2~3 天，然后用清水浸泡 4~6 小时，洗净后即可播种。目前，普遍使用的播种方法是开沟条播法，行距 20~25 厘米，覆土 1~1.5 厘米。播种后，要浇足水，待水渗下后喷施除草剂，覆盖地膜保湿。除非畦面比较干，否则在出苗前一般不需要浇水。在满足韭菜种子发芽的条件下，一般 6~9 天即可出苗，待 30% 以上韭菜种子出苗后撤除地膜。幼苗出土后，7~8 天浇 1 次水，需要注意，在浇水时要轻浇、勤浇，使地表经常保持湿润状态。当幼苗高 18 厘米左右时，适当控水蹲苗，防治幼苗疯长。同时，结合浇水每亩顺水冲施硫酸钾复合肥 10~15 千克或尿素 10 千克或腐熟人粪尿 2 000 千克，并结合中耕除草将播种沟覆盖浅土平坑。

在人工与技术管理方面，分为两部分：一是露地生长阶段管理，二是扣棚越冬管理。

（四）露地生长管理

在水分管理方面，入夏后的管理重点是保证植株健康生长，这个过程中不要采收韭菜，尽可能积累养分，减少消耗，充分养根，使鳞茎充分膨大，为冬季韭菜高产打下基础。具体的管理方法是气温升高时，不适于韭菜生长，应适量浇井水降低地温，防止积水烂根。与此同时，要注意中耕除草，避免杂草疯长，与幼苗争光照和养分，影响幼苗生长。这个时期要注意防治病虫害。进入 9 月，气温降低，比较适合韭菜生长。这个阶段，需水量增大，应 7~10 天浇 1 次水，经常保持土壤湿润。10 月份温度下降明显，地表保持见干见湿，不旱不浇水。以后随着气温下降，应减少浇水，以防植株贪青而影响养分的贮藏积累，不利于越冬生长。

在追肥管理方面，入秋之后气温转凉，结合浇水分别于 8 月上旬和 9 月下旬进行 2 次追肥，注意追肥量要大。第 1 次每亩追施尿素 15~20 千克，可以利用雨天撒施；第 2 次追施硫酸钾复合肥 25 千克，或追施腐熟人粪尿 2 000 千克，或腐熟饼肥、干鸡粪 200~250 千克。

（五）扣棚越冬管理

1. 扣棚前的管理及扣棚

立冬前后割去地上部枯叶，并将其清除干净，用50%多菌灵500倍液喷雾消毒，并用50%灭幼脲悬浮剂+10%吡虫啉可湿性粉剂和50%速克灵可湿性粉剂顺垄喷灌根部，防治韭蛆和灰霉病。在韭菜垄间开沟追肥，每亩用细碎有机肥1 000~2 000千克，或干鸡粪300~500千克，硫酸钾复合肥50千克，适量追施硫酸亚铁、硫酸锌、硫酸锰等微肥。施肥后浇1次透水，待水渗下后，在垄上撒一层1~2厘米厚的细沙。立冬前后扣棚。拱棚宽2~3米，高0.5~1.2米，长50~70米，东西走向。拱杆用宽5厘米的竹片，拱间距为50~60厘米，用木棍做支柱，拱顶及两端用铁丝相连（图5-15）。覆膜时先在棚的一侧开沟，压住棚膜一边，然后边拉边压棚膜的另一侧，覆膜后每隔1.5~2米用一道压膜线压紧。随天气渐冷，夜晚加盖草苫（图5-16）。为增加抗寒性，小拱棚北侧还可加设风障。

图5-15 搭建小拱棚

图5-16 小拱棚覆盖薄膜、草苫

2. 扣棚后的温、湿度管理

扣棚初期一般不用揭膜放风，白天保持28~30℃，夜间10~12℃。韭菜萌发后，棚温白天控制在15~24℃，超过25℃注意放风排湿，夜间10~12℃，不低于5℃，若气温降低，夜晚覆盖草苫保温，相对湿度保持在60%~70%。每一刀韭菜收割前5~7天要降低棚温，使叶片增厚，叶色深绿，提高商品质量。收割后棚温可适当提高 2~3℃，以促进新芽萌发。以后各刀生长期间，控制温度上限比前 1 刀高 2~3℃，但不能超过 30℃。昼夜温差控制在 10~15℃。

3. 扣棚后的肥水管理

一般头刀韭菜生长期间，不需追肥浇水，防止地温降低和湿度增加。头刀韭菜收割后 7~10 天浇水，韭菜长至 10~15 厘米时再浇 1 次。扣棚后每次浇水量要小，忌大水漫灌。结合浇水追施硫酸钾复合肥，每亩顺水冲施 5~10 千克。收割前适当喷洒叶面肥，促进植株旺盛生长。

（六）采收

拱棚韭菜越冬栽培，可一次播种采收 3~4 年。第一年的根株，采收 2~3 茬，2 年以上的根株，可采收 3~4 茬。一般韭菜根株可连续生产 3~4 年。韭菜以 7 叶 1 心为采收标准。采收的具体时间，以清晨为好，采收时以采收到鳞茎上 3~4 厘米黄色叶鞘处为宜。边割边捆把装筐，并保持韭菜新鲜，做到净菜上市，提高商品性。

韭菜越冬生产主要供应冬春季市场，一般采收 3~4 刀后，生长势弱，即进入养根壮棵阶段，这预示着一个生产周期的结束。在每一个生产周期结束后，要进行常规管理，重点应加强肥水供应，培养根株，防病治虫，保护功能叶。具体来说，每亩要施入 200 千克充分腐熟的饼肥，15 千克硫酸钾，40 千克的过磷酸钙，畦面再铺施 5 000~8 000 千克充分腐熟的土杂肥，同时要进行浇水，清除杂草，促进新叶生长，促进植株生长发育，为下一个生产周期打下基础。

对 2 年以上韭菜，秋季应及时摘除花薹，清除枯黄叶片，减少养分消耗，改善光照条件，增加养分积累，确保植株生长健壮。一般 3~4 年挖出韭根更新换茬，不然产量会逐渐降低。

三、塑料小拱棚秋延后青韭栽培技术

采用小拱棚秋延后栽培，在秋季收割的基础上，延长收割间隔期，加强养根壮秧，秋末冬初，气温下降前扣棚保暖延后栽培，在中南部露地韭菜已经回秧、中北部保护地韭菜尚未上市的时间段上市，可以取得较好的经济效益。

（一）品种选择

应选择生长势强、生长速度快、叶片宽大肥厚、个体发育优良、单株较重、秋冬回秧晚、浅休眠、抗寒性强的韭菜品种，如平韭 6 号、中华韭神和汉中冬韭等品种。

（二）地块选择

应选择地势平坦、土壤富含有机质、疏松透气、排灌方便、交通便利的壤土和砂质壤土地块，不要选择上茬作物为葱、韭、蒜的地块。

（三）浸种催芽

用 40℃温水浸种 12 小时，除去秕籽和杂质，将种子上的黏液洗净后，用湿布包好放在 16~20℃的条件下催芽，每天用清水冲洗 1~2 次，60% 种子露白尖即可播种。

（四）播种育苗

苗床应选择旱能浇、涝能排的沙质土壤，土壤 pH 值在 7.5 以下，播前耕翻土地施肥，以优质有机肥、复合肥为好，施肥量根据地力适当掌握。播种时期在 3 下旬到 4 月上中旬，播种时，将沟（畦）普踩一遍，顺沟（畦）浇水，水渗后将催芽种子均匀撒在沟（畦）内，每亩播种 5~7.5 千克，上覆细土 1.5~2 厘米。播种后每亩用 33% 除草通乳油 100~150 毫升对水 50 千克均匀喷洒于地表防除杂草。然后用地膜或稻草覆盖，约 70% 幼苗出土时撤除覆盖物。

（五）定植

到 6 月中下旬，苗龄 80~90 天，当韭苗长到 5~6 片叶，株高 20~25 厘米，叶鞘粗 0.3~0.4 厘米 时即可定植。定植时，先将韭苗轻轻挖出，抖去土将韭菜苗大小分级，去除病残弱苗，剪去须根先端，留 2~3 厘米，以促进新根发育，再将叶子先端剪去一段以减少叶面蒸发，维持根系的吸收与叶面蒸发的平衡。起苗时宜随栽随起，以利成活缓苗。韭菜定植方式可以采用行栽，一般行距 30~35 厘米，株距 1.0 厘米，单株栽植。亦可以采用穴栽，穴栽时行距 20~25 厘米，穴距 10~15 厘米，每丛 8~10 株。可以用锄开沟，一般沟深 5~6 厘米，按穴距或株距摆苗后封 3~4 厘米厚，以不埋住心叶为宜。

（六）定植后管理

定植后，要先顺行向轻踩 1 遍，然后及时浇定根水，浇第一遍水时，要小水轻浇，以防止水大将苗冲走；10 天后，再浇 1 遍缓苗水。以后随着气温的逐渐升高和光照的日益增强，可以用遮阳网适当进行遮光降温。韭菜进入高温歇伏期，一般不需要追肥和浇水，但要注意降雨天气，大雨过后要及时排水防涝。进入 8 月中旬以后，随着气温的变凉，韭菜进入一年中的第二次营养生长高峰期。从 8 月中旬开始，每 7~10 天 浇水 1 次，结合浇水每 15~20 天 追肥 1 次，每次每亩追施充分腐熟人粪尿 2 000 千克，或复合肥 20 千克，加尿素 10 千克，9 月上旬收割 1 茬，10 月中旬收割 1 茬，秋季可以收割 2 茬。

（七）扣棚前的管理

扣棚前 15~20 天，10 月中旬韭菜收割后，追施充分腐熟的人粪尿 2 000 千克每亩或复合肥 20 千克加尿素 10 千克每亩，并浇水。为防治韭蛆可用 50% 灭幼脲悬浮剂 +10% 吡虫啉可湿性粉剂灌根，扣棚前 1 天，用 50% 的多菌灵可湿性粉剂 600 倍液喷洒畦面及拱架，以杀灭病菌。

（八）扣棚及扣棚后的管理

1. 扣棚

当气温低于 5℃ 时即可扣棚，黄淮地区一般 11 月上中旬、北方地区 10 月中下旬进行扣棚。
扣棚应选择晴天无风的天气进
行，扣棚初期，地温、气温较高，
棚的两头可以暂且不压，以便通
风降湿，之后每隔 2~3 米 拉 1
根压膜线，以防棚膜被风吹动，
以后随着气温的降低，将棚膜四
周压严（图 5-17）。

图 5-17　加压膜线

2. 扣棚后的管理

韭菜生长的适宜温度是
12~24℃，适宜空气湿度是 60%~
80%，适宜的光照强度是 2.5 万 ~ 4.0 万 lx，因此韭菜扣棚后管理
的总体原则是通过温度、湿度和光照的调节以创造适宜韭菜生长
的环境条件。扣棚初期，棚内地温和气温较高，应及时通风换气
降温降湿，避免棚内积聚氨气等有毒有害气体造成叶片受害。

晴天中午棚内气温达到 25℃ 以上时要及时通风降温，
15:00~16:00 时要及时闭棚，积聚热量以提高夜温，确保前半夜温
度控制在 10~15℃，后半夜的温度控制在 8~10℃。韭菜扣棚前浇
1 遍水，生长期间一般不需要再浇水，如果确需浇水，应选择在
晴天早晨浇水，且浇水后应加大放风量，尽快降低棚内空气湿度。
光照是韭菜进行光合作用的主要能量来源，光照条件的好坏直接
影响着小拱棚韭菜产量的高低，因此增加光照是棚期光照管理的
关键，其主要措施：棚膜要尽量选用聚乙烯无滴膜，同时要及时
清洗棚膜，提高棚膜的透光率，创造韭菜生长适宜的光照条件。
小拱棚秋延后栽培一般在扣棚以后可收割 1~2 茬。

（九）秋延后栽培注意事项

于深秋韭菜休眠前扣棚，使韭菜不经休眠而继续生长，在
11-12 月份供应；收割两刀后撤除骨架和棚膜。

（1）秋延后栽培必须掌握适期扣膜，早扣产量高峰出现早，
但易早衰；晚扣在扣膜前易遭冷害，引起叶片弯曲、叶尖腐烂，

同时一旦进入被动休眠，扣棚后生长缓慢。扣棚适期为当地初霜后最低温度降至0℃前。

（2）与休眠后再生产的韭菜相比，秋延后韭菜扣膜前应加强肥水管理，做到粪大水勤，促进后期生长。扣棚前达到收割标准即可收割上市，但要尽量高留茬。伤口愈合后及时追肥浇水，以促进叶片萌发生长。

四、大棚韭菜双膜覆盖绿色栽培技术

近年来由于大棚韭菜的高产、优质、高效，其种植面积逐年增加。小拱棚韭菜由于造价低廉，深受广大农民的喜爱。但小拱棚由于内部空间有限，给韭菜的栽培管理带来了诸多不便，且由于设备简陋无法实现韭菜的绿色优质栽培。大棚韭菜极大的提高了韭菜的栽培生长空间，不仅有利于栽培管理，更有利于韭菜的生长。并且以大棚骨架为支持在初春增设防虫网，更有利于韭菜的绿色栽培，从而真正实现韭菜生产的优质、高效，极大的提高了栽培的效益。

（一）选择适宜的品种

韭菜所有品种均较耐寒，地上茎叶能忍耐 −4~−5℃的低温，地下根茎可耐 −40℃的严寒。因此在品种选择上，应当依据当地的消费习惯，合理选用适合当地消费的韭菜品种。大棚韭菜越冬栽培一般选用抗寒性强，浅休眠，植株高大、叶片宽厚、生长势强、质地柔嫩的韭菜品种，如独根红、雪青白根、791雪韭王、汉中冬韭等韭菜品种。

（二）播种育苗及苗期管理

大棚双膜覆盖栽培，在华北地区一般在3月上中旬播种育苗，每亩苗床用种 5~7.5 千克，可定植 5 亩以上菜田。苗床一定要选用三年以上没有种植过葱蒜类蔬菜的地块，交通便利，有良好的灌溉条件，土壤以沙壤土为宜。育苗畦一般宽1.2~1.3米，畦作好后，每亩施木质素菌肥 100 千克 或者发酵后的食用菌渣 5 000 千克，过磷酸钙50千克，尿素8~10千克，深翻15~18厘米，整平畦面。播种前，用800~1 200倍高锰酸钾溶液浸种10~15分钟，捞出用清水洗净后晾干，浇透苗床，待水渗下后，撒播，覆土2~3厘米。用33%除草通乳油100毫升加水稀释后，喷施育苗畦面，覆盖地膜保温保湿。大约播种后10天幼苗出土后及时揭开地膜，以防高温烧苗。

韭菜苗期一般浇2~3次，结合浇水，每亩冲施甲壳素10~12.5千克壮大根群，促进幼苗生长。浇水期间加入适量40%辛硫磷乳油或者2%阿维菌素乳油，预防韭蛆对幼苗的为害。浇水后及时拔除杂草。

（三）定植棚室的准备

定植用大拱棚应该在6月上旬之前建造或准备完毕，以备使用。大拱棚南北走向，棚室准备好后，用60目的防虫网全覆盖（图5-18）。

韭菜对土壤要求不严格，不论沙土、沙壤土、壤土、黏壤土均可栽培。但以二年以上未种植过葱蒜类蔬菜，耕层深厚，富含有机质，保水保肥力强的中壤土或者轻壤土为宜。韭菜一般定植后，在同一地块上连续生长3~5年，因此定制田要重施腐熟的有机肥，以施用木质素菌肥发酵的牛粪为最佳。每亩施用量为5 000~6 500千克，使用时每1 000千克腐熟的牛粪加入40%辛硫磷乳油1千克，喷雾掺均后施入定植田内。在此基础上，每亩施12%过磷酸钙150千克，氮磷钾（15-15-15）复合肥150千克，46%尿素25~30千克作为基肥。深耕，深度为25~30厘米，耙细后整宽1.2~1.3米的平畦。

图5-18 防虫网室

（四）定植

5月末至6月上旬，当幼苗长到20~25厘米 高时即可起苗定植。定植方法：将韭苗起出，剪去须根先端，留2.5厘米左右，以促进新根发育。再将叶片先端剪去一段，以减少叶面蒸发，维持根系吸收和叶面蒸发的平衡。定植前在整好的平畦内，按30~35厘米 的行距开沟，定植株距1.0~1.5厘米，栽植深度以不埋住韭菜的分叉（生长点）为宜。移栽后浇水促缓苗，以后隔2~3天浇1次水，缓苗后10天左右浇1次水。

（五）定植后的管理

定植缓苗后，气温渐高，不适于韭菜生长，一般不进行浇水追肥，热雨过后及时浇井水降温，防止高温引起烂根现象的发生。到8月中旬以后，天气逐渐凉爽，是韭菜生长适宜季节，也是培养苗壮根株的关键时期，宜6~7天浇1水，经常保持土壤湿润。10月份地表保持见干见湿，不干不浇水。以后随着气温下降，应减少浇水，以防植株贪青而影响养分的贮藏积累，不利于越冬生长。施肥应采取少施、勤施的原则。入秋后，从8月上中旬到9月下旬，配合浇水追肥2~3次，施肥的多少一般视苗高而定，当苗高在35厘米以下时，每亩施腐熟粪肥500千克；苗高在35厘米以上时，每亩施腐熟粪肥800千克，同时加尿素5~10千克。或每亩追施氮磷钾复合肥20~25千克。 为培育壮根大棚深冬韭菜在夏秋之际不收割，而且中耕除草要勤，雨涝季节要注意培土排水。及时采收花薹。对于旺长植株应设立支架，防止倒伏。

注意事项：韭菜扣棚期间的生长主要依赖于冬前贮蓄到根茎和鳞茎里的养分。因此，养好韭根非常重要，而秋天则是养根的关键时期。因此，①大棚越冬茬韭菜秋季一般不收割。② 及时打薹掐花。韭菜抽薹开花对根系养分消耗很大，如果不需要种子，应及时抽苔掐花，保留养分。③ 10月后控制浇水。强制地上部缓和长势，促使营养物质向根部回流。 ④ 通风晒根。对于3年以上的韭菜植株还需要进行扒根晒根的特殊管理。扣棚前要用铁锹将根周围的土壤挖开，将每丛株间土壤剔出，露出根茎，剔除枯死根蘖和细弱分蘖，并将挖出的土壤摊于行间晾晒。这一措施能够提高地温，剔除弱株，冻死根蛆，促进根系生长的作用。

（六）扣膜及扣膜后的管理

外部平均气温降到13℃时，可撤除防虫网。11月中下旬开始扣棚。扣棚前铲掉老叶，清除地上部残茎枯叶和杂草。进行施肥，施肥时在行间开5厘米深的沟，每亩施磷酸二铵50千克，腐熟鸡粪1 000千克，尿素50千克，然后覆土，浇一次水，等地稍干燥后扣棚。

扣棚初期一般不用揭膜放风，保持白天20~24℃，夜间12~14℃。韭菜萌发后，棚温白天控制在15~24℃，超过25℃注意放风排湿，夜间10~12℃，不低于5℃，随着外界气温降低，在大棚内加盖小拱棚（图5-19），夜晚大棚外覆盖草苫保温，并早揭晚盖，加强保温性能。

图5-19　大棚内加设小拱棚

培土是韭菜栽培中的一个重要环节，在韭菜长到10厘米时，可培土1次，这样可使韭菜茎部变粗变长，提高其商品性状。两年以上的老根韭菜可通过培土防止跳根。

大棚扣棚后30天左右收获头刀韭菜，生长期保持水分均匀供应，切忌大水漫灌，收割时从基部用铲收割，不伤根部为好，以割口呈黄色为宜，伤口应整齐一致。每次收割后，将茬口上的土耙细，周边土锄松，待2~3天后，韭菜伤口愈合，新叶快长出时，进行浇水、追肥，每亩追施腐熟有机肥400千克，尿素30千克，氮、磷、钾三元复合肥15~20千克。每次水后必须加强放风排湿，但要防止遭受冻害。大棚越冬韭菜一般收割2~3茬。收割期可从12月延续到翌年2月。

（七）病虫草害防治

坚持"预防为主，防治结合"的病虫草害防治原则。生产过程中禁止使用所有化学合成的农药，可以用石灰、硫黄、波尔多液、氢氧化铜、硫酸铜、醋、高锰酸钾、植物制剂、微生物及其发酵产品。

1. 虫害防治

（1）扣防虫网。撤棚膜后，及时扣上 60 目以上的防虫网。

（2）施肥应使用腐熟有机肥和生物菌肥，根据长势、天气、土壤干湿度的情况，采取轻施、勤施的原则。沼液、沼渣、蓖麻多肽有机肥既是有机肥料又可杀虫，应提倡使用。播种前用 70% 的沼液浇灌，水面在地面 8 厘米以上，可较好防治韭蛆和其他地下害虫。生产期用 50%~60% 的沼液浇灌，水面在地面 8 厘米上，可较好控制韭蛆危害。

（3）物理防治。在韭蛆田内按 1 公顷安装 1 盏频振式杀虫灯

图 5-20　太阳能频振式杀虫灯

（图 5-20），5~10 月晚上开灯进行诱杀。

按糖：醋：酒：水 =3：3：1：10 比例配制糖醋液，盛放在敞口容器中，每亩放置 10 个，5~7 天更换一次，可有效诱杀成虫。

利用黄板诱杀韭蛆成虫（图 5-21），每亩设置黄板 20~25 块，并根据情况定期更换。

还可用硫酸铜每亩用 1 千克灌根，防治韭蛆。在田间种植驱蚊香草、蓖麻等驱蚊驱虫植物。

（4）生物防治。用云菊 5% 天然除虫菊 1 000~1 500 倍液喷雾防治，可较好防治韭蛆成虫、潜叶蝇、葱须鳞蛾。每亩每次用

0.36% 苦参碱水剂 2~4 千克，在韭菜生长期间浇水后洒入行间，后划锄埋入土中，可防治韭蛆幼虫。

图 5-21　黄板诱虫

2. 病害防治

（1）农业防治。加强管理，注意透光通风，增强韭菜抗病性。扣棚前，彻底打扫清洁基地，将病残体全部运出基地外，销毁或深埋，以减少病害基数。生长期间发病重的韭菜连同周边土壤及时清除出地块。

（2）轮作。韭菜种植 3~4 年后，提倡与豆科作物轮作 1~2 年。

（3）物理防治。用高锰酸钾 1 000 倍液喷雾可防治多种韭菜病害。

（4）生物防治。可用特立克（木霉菌）600~800 倍液在韭菜灰霉病发病初期喷雾，每隔 7~10 天喷 1 次，连喷 2~3 次。

3. 杂草防治

（1）播种时提倡使用秸秆覆盖杂草。

（2）采用人工除草。

五、温室囤韭栽培技术

青韭囤栽是传统的栽培方法，将韭根堆在一起，不需要埋入土中，不需要施肥，只需要保持一定的温度和水分，依靠鳞茎和根茎中贮存的养分进行生产的栽培形式。需要区别的是，囤韭栽培在不遮光的情况下生产的是青韭（图 5-22），遮光的条件下生产的是韭黄（图 5-23）。

青韭囤栽的植株是露地韭菜长 1 年或者 1 年以上的韭菜根株，在入冬后植株进入休眠期，营养全部回根之后，将韭根刨起，囤栽在温室内，借太阳热能或辅助加热，打破休眠，使其利用根株贮存的养分发芽生长。韭菜根株中贮存的养分多少，直接影响青

图 5-22　囤栽青韭

图 5-23　囤栽韭黄

韭的产量高低和品质的好坏。

（一）品种选择

用于温室囤韭栽培的品种，适宜选用耐寒性强、耐热性强、分蘖力强、直立生长、抗倒伏、鳞茎粗壮上下长势均匀，容易囤得紧，生长迅速的不休眠型品种，如独根红、平韭 4 号、平韭 6 号、791 雪韭等。

（二）根株栽培

囤韭完全依靠贮存在根株中的养分来供应生长，养分的多少直接影响青韭产量的高低和品质的好坏。因此，植株在栽培时必须要积蓄充足的养分，这就要求培养健壮根株比其他栽培形式都要严格。培养根株囤韭选用当年直播培育的 1 年生根株，不用 2 年以上的老根。播种时间要尽量早，播种地块要有良好的肥水条件，保证根株健壮，分蘖充实，不携带任何病虫。具体的播种方式以条播为主，沟距要稍微大一些，以 7 厘米为标准，韭菜种子每亩播种量 6~7 千克。在具体的管理方面，与露地栽培韭菜的根株培养完全一样。

（三）囤栽

1.囤栽前准备

入冬后一般在 11 月下旬，韭菜进入休眠期，地上部枯萎，将韭根从露地中刨出，抖净根上的泥土，剪去过长须根，保留 8~10 厘米即可（图 5-24）。如需要临时堆藏，堆藏体积不能太大，以防堆内温度过高，造成过早发芽和腐烂。一般在土壤夜冻日融的时候挖，注意不宜过早也不宜过晚，过早挖出，韭根养分贮存少，堆藏时易发热、发芽、腐烂，影响产量；过晚挖出，土壤冻结，挖时容易伤鳞茎，且费时费力。挖韭菜根株前，要将枯萎叶片贴地面割干净，视土壤干湿情况决定是否浇水。如果土壤干，浇 1 次小水，第二日挖收；地面湿的话，可以不浇。韭根挖出来后，将韭根上连接的土块轻轻敲碎，如果根茎湿度过大，应凉晒半天，使水分稍稍蒸发再进行敲打，尽量避免伤到根状茎。注意少伤根，抖净根际泥土，堆成圆锥形堆，立即盖土防止根系水分蒸发，引起萎蔫。

图 5-24　韭菜根株

2.囤栽时间及囤栽

从 12 月到翌年 1 月中旬，可随时囤栽。囤栽之前先挖土池子，一般池深 30 厘米左右，宽 1.5~1.6 米。囤栽前 2~3 天将韭根取出，在不加温的温室内慢慢解冻，每天翻动，防止韭根腐烂。囤栽前，根株要整理对齐，每 20~30 株捆扎为一把。把捆好的根株根部蘸上营养泥浆（将 50℃左右的热水倒入一个大容器中，再放入肥沃的淤泥，搅拌成糊状即可），一把一把紧密栽入培养床中，放直，使短缩茎与地面平齐，根系要舒展勿弯折，周围用土填满压实，以免浇水后根株向上飘起。囤完一行再囤第二行，行距 3 厘米左右，

直到逐行囤满整个栽培床为止。

（四）囤栽后管理

1. 浇水

在浇水施肥方面，囤栽后要立即浇一次水促进缓苗，水深以漫过鳞茎3厘米左右为标准，水量必须要充足，满足根株生长需要。过1~2天后再浇一次水，这次水量不宜过大，深3厘米左右即可，以不超过鳞茎为标准。在苗高10厘米浇第三水，这是韭苗旺盛生长期，需水量较多，灌水后隔3~5天再浇1次水。收获前4~5天再浇1次水，可使产品柔嫩，产量提高，对保水力强的土壤可减少浇水。

2. 培土

在栽培方面，科学合理培土可以提高韭菜的质量，首先能够软化韭白，其次可以防止株丛倒伏。培土应选用晒暖和筛细的土，一般先放在太阳底下晒一晒，选择晴天下午无露水时进行，使用细筛子筛撒到池内。培土厚度要均匀，撒后用竹耙搂一下，以免土块压住叶片影响生长。培土要根据韭菜生长的速度分次进行，每次培土高度不应超过叶鞘和叶片的交界处。第一次浇水后，田间容易出现鳞茎裸露、表土凹陷不平的现象，应在浇水第二日培1次土，使幼苗生长整齐。在株高6~7厘米时，植株生长较快，应每隔2~3天培土1次。培土选择晴天上午进行，首先放风，排除室内和叶面湿气，防止培土时细土黏附于叶面，每次培土完毕应该用鸡毛掸子抖净叶面上的泥土。每茬韭菜要培土3~4次，总厚度7~8厘米。第一茬收获后要清土，使阳光照射到根际促苗生长。第二、三茬由于韭菜长势减弱，培土次数和厚度可适当减少。

3. 温湿度调节

根株萌芽以前温度要高些，白天23~25℃。萌芽后温度要适当降低，白天19~23℃。临近采收时温度更要低，白天17~20℃为宜。另外，每次浇水后都要把温度提高一些，以利于恢复正常生长。每次浇水后，室内湿度会显著增加，如果不加管理，会引起韭根叶腐烂，要注意放风排湿。第一茬韭菜从囤入到培土前，由于植株较小，外界气温低，可不通风。培土期间正是韭菜生长盛期，浇水也多，应适当通风，韭菜高 20 厘米时应加大通风量。随着外界气温增高，第二、第三茬韭菜宜逐渐加大通风量，以保持室内适当温度，超过 22℃时应加大通风量，促进空气对流。每茬生长中后期，根株容易出现腐烂，更应注意排湿。后期一般保持相对湿度 75%~80% 为宜。

（五）采收

囤韭的采收，视温度情况进行，一般囤后 20~30 天即可收割第一茬，割茬要在韭葫芦以上 3~3.5 厘米。采收要及时清除枯枝残叶和沙土，并将沙土放在室外晾晒，晾干后留作下一刀再使用。第二刀需要 20~22 天方可采收，这次采收根株已经明显衰弱，可追一次化肥，产量可与第一茬相同。追肥可用尿素或者硫酸铵，每平方米用 75 克，先用水化开，再顺水浇入池子里。第三刀要经过 23~25 天方可采收，第三刀植株长势衰弱，产量较低。3 刀以后韭根完全枯竭，应予淘汰。每年囤韭第一刀产量高，其后产量逐渐减少。

第四节 韭黄栽培技术

韭黄以嫩叶供食用，是韭菜软化栽培的一种产品。是利用当年播种的韭菜鳞茎内贮藏养分，在一定的温度和湿度条件下，经无光软化栽培而生产的一种蔬菜。韭黄色泽金黄，清新柔软，芳香可口，是冬春季节的蔬菜珍品，深受消费者喜爱，是全国各大市场上畅销蔬菜之一。

韭黄是利用已经长成的韭菜植株，定植后用各种覆盖物，比如培土、草蓬、地窖、盖瓦筒、黑色塑料膜等加以覆盖，使韭菜新生的叶子或者假茎在完全遮光的条件下形成韭黄。韭黄的栽培方式有很强的地域性特点，比如北方地区普遍采用地窖、拱棚以及温室栽培，南方地区则采用瓦筒栽培、覆草栽培。现如今，普遍采用的有培土黄化栽培，黑色塑料薄膜覆盖栽培。

一、盖草韭黄栽培技术

（一）品种选择

韭黄的栽培，在品种选择上，应该选择生长速度快，产量高，分蘖力强，叶片宽厚，抗病害能力强，适宜韭黄软化栽培的专用品种。比如台湾黄韭王、黄韭 1 号、黄金韭 F1 等品种。

（二）育苗

1. 苗床准备

苗床应选择能排能灌的地块，宜选用砂质土壤，土壤 pH 值在 7.5 以下。亩施优质农家肥 4 000 千克、尿素 7 千克、过磷酸钙 60 千克、硫酸钾 12 千克作基肥，翻耕耙细，做成宽 2~3 米的平畦备用。

2. 种子处理及播种

播种一般在 3 月中旬至 4 月中旬。每亩播种量 5~7 千克。用 40℃温水浸种 12 小时，除去秕籽和杂质，洗净种子上的黏液后，用湿布包好，在 16~20℃的条件下催芽，每天用清水冲洗 1~2 次，60% 种子露白尖即可播种。春播时也可用干籽直播。将催芽种子或干种子混 2~3 倍沙子均匀地撒在畦面上，覆盖 1.6~2 厘米厚的过筛细土。播种后立即覆盖地膜或稻草，70% 幼苗顶土时撤除覆盖物。

3. 播后水肥管理

出苗前保持土表湿润。从齐苗到定植，每 7 天左右浇一小水，保持土壤湿润。高湿雨季注意排水防涝。结合浇水追施 1 次氮磷钾（30-6-6）三元复合肥，每亩施 10~15 千克。出土后苗期培养 50~60 天，当韭菜幼苗有 4~6 片叶、苗高 20 厘米左右时，即可进行定植。

4. 除草

出齐苗后及时拔草 2~3 次，或在播种后出苗前，亩用 33% 除草通乳油 100~150 毫升对水 50 千克喷洒苗床地表。

（三）定植

1. 整地施肥

幼苗 5~6 叶时为定植最佳时期。切忌与葱蒜类蔬菜连作。由于韭菜是多年宿根蔬菜，种一次多年采收，每亩地施腐熟优质有机肥 3 000~5 000 千克，三元复合肥 50 千克，深翻细耙，将肥料与土壤混合掺匀。施肥后进行深耕细耙作畦，小水漫灌，使土壤紧实，以利于开沟。以间隔 70 厘米拉线开沟，沟呈梯形，沟深 15~20 厘米，沟底宽 5~6 厘米，沟顶宽 10 厘米，沟间距 60 厘米。

2. 定植及定植后管理

在定植时将韭菜苗起出，剪去须根先端，留 2~3 厘米，以促进新根发育；剪去一段叶子尖端，减少叶面蒸发。采用单行双株密植的方法进行定植，每 2 株一小撮，撮距为 1~2 厘米。把整理好的韭菜幼苗，栽入定植沟中，埋土至叶鞘以下的位置为宜。

定植后立即浇水，以促进韭菜幼苗成活。长出新叶后，进行大水浇灌，并追施氮磷钾（30–6–6）三元复合肥，每次每亩用 10~15 千克施入定植沟内。以后视天气情况，每 7~15 天浇 1 次水。6~8 月进入高温雨季，不再浇水施肥。进入 9 月，每 7~10 天浇 1 次水，结合浇水追施速效氮肥 3 次，每次每亩追施尿素 10~15 千克。10 月中旬以后不再施肥，浇水以畦沟不干为宜。覆盖时提前浇水，否则覆盖后湿度过大，会引起烂叶。

定植 3 天后，每亩用 33% 除草通乳油 100~150 毫升对水 50 千克喷洒地表，防止杂草出土，以后及时拔除杂草。

用于栽培韭黄的韭菜，定植后不收割青韭，目的是培养健壮的株丛，使之具有强大吸收和同化器官的能力，在积累养分的同时，又为以后的生长打下基础。每年 7~9 月，发现韭菜抽薹时，要及时摘薹，以减少营养消耗。入秋以后气温降低，植株生长进入旺盛时期，应施足水肥，满足植株生长需要。追肥以氮肥为主，配合一定的磷钾肥，以满足韭菜的生长发育需要。

3. 培土

当韭菜的假茎长出地面 3~5 厘米高时，进行培土。一年中，根据韭菜的生长状况，培土 3~4 次。培土时，用长竹竿把韭菜叶片束起来，在竹竿两端插入两根短棍固定竹竿。然后，把韭菜行间的土挖出，拍细后进行培土。培土不要超过假茎高度、不能埋住韭菜叶片。而且，两侧培土要均匀，防止韭菜假茎侧倒或弯曲。培土后，原来的定植沟成了韭菜垄，定植沟之间的空地成了韭菜行间沟。以后的浇水、施肥就在培土后形成的行间沟内进行。

注意，在培土过程中不要伤了叶片，更不要超过叶片分叉口，否则影响产量。

（四）韭黄覆盖栽培

韭黄露地覆盖的时间，可以从立冬后，韭菜叶片枯萎后随时进行覆盖。生产上，通常根据韭黄上市时间，提前 30~40 天进行覆盖。

立冬后，韭叶枯萎，可将枯叶割下，然后将打湿的农作物秸秆盖住韭菜垄，覆盖厚度 5~10 厘米，然后在行间沟里填入打湿后返潮的玉米秸等材料，填满并踩实，然后盖麦草，麦草厚度为50~60 厘米厚，盖草后可在上边再覆盖一层塑料薄膜，以防雨雪。或在每行韭菜上直接铺放棉毡，棉毡上再覆盖 20 厘米厚的麦草，麦草上覆盖 30 厘米厚的土。一定要确保覆盖的厚度，否则韭菜地易结冻，韭黄不能正常生长，从而延长韭黄采收期。

图 5-25　盖草韭黄

（五）采收

一般覆盖后 30~40 天可收割，揭开覆盖物观察韭黄生长情况。当韭黄叶长到 7~10 厘米高，有 3~4 片叶时，即可进行采收。采收，选晴天中午把覆盖物清理干净，然后进行收割。先用锄沿韭垄旁挖 10~13 厘米深的沟，用特制的韭镰，从鳞茎以上 2~3 厘米处割断，边割边整理。割下的韭黄及时整理打捆、入箱防冻。采收时不要伤及根部，避免造成来年韭菜断垄。根据采收进度，边清理覆盖物边采收，避免韭黄受冻害（图5-25）。

（六）采收后的田间管理

韭黄收割以后，在韭田割茬处撒一层草木灰，可以防病，也可以补充养分，并用土回填定植沟，保护韭菜根安全越冬，让韭菜转入越冬休眠管理。韭黄采收后，惊蛰前，尤其是春节前收割的韭黄，为了防止冻死韭根，不要浇水。

开春土壤解冻后，先扒平土垄、再刨开韭菜沟，分两次刨出韭菜沟里的土，让韭菜顺利发芽出土。出土后，继续按正常田间管理进行。壮棵养根1年，立冬后继续覆盖栽培韭黄。一般韭田可以连续收获4~6年韭黄，当韭黄长势弱，亩产量不足1 000千克时清理韭田，改种其他作物，另外选择耕地进行韭黄种植。

秋冬季生产韭黄所用的麦草及棉毡要及时移出韭田堆贮，用过的麦草和棉毡需及时晾晒，麦草待干燥后收运堆垛，以备来年续用。

二、黑色塑料膜覆盖生产韭黄技术

用黑色塑料薄膜覆盖栽培韭菜，可满足无光、保温、保湿的软化栽培条件，使叶片不能形成叶绿素而生产韭黄（图5-26）。

图5-26 黑色塑料膜覆盖生产韭黄

（一）品种选择

一般韭菜品种均可生产韭黄，但最好选直立性强，抗倒伏，耐寒、耐湿、抗病，高产、浅休眠的品种。如791雪韭、黄韭1号、独根红、雪韭6号等都是较理想的品种。

（二）根株的培养

用于韭黄栽培的韭根，与越冬栽培相同，最好用当年生或

2~3 年生、生长健壮、旺盛的韭根。当年播种的韭根，必须在 4 月上旬前提早播种，6 月中旬前早定植。韭根的培育田间管理与露地栽培相同。入冬前必须使韭根有充足的营养积累。有利于提高韭黄的产量。在覆盖前要重施腐熟的人粪尿一次，并加入少量的尿素做底肥，培肥根株。

（三）扣棚

1. 扣棚时间

韭黄栽培覆盖时间可根据实际情况而定，不休眠型品种一般可于 10 月下旬覆盖，休眠型品种可于 12 月上旬韭菜通过休眠期，营养完全回根后覆盖。利用日光温室、塑料大中棚栽培时，先扣好普通薄膜。然后在棚室栽培畦的上面扣小拱棚，覆盖不透光的黑色农膜。低温季节还需在大小棚顶加盖草苫，早上揭晚上盖，提高棚温，满足韭黄正常生长需要。

2. 扣棚方法

生产韭黄的韭菜一般不收割青韭。盖薄膜前要先清除韭畦内的枯叶、杂草，用韭铲铲去地上韭菜枯叶，伤口愈合后，浇透水一次，2~3 天后再进行覆盖。注意不宜在雨后、高温或畦土过湿的情况下覆盖，以防韭菜根株腐烂造成死苗。

韭黄栽培畦一般以东西向畦长 15~20 米，宽 1.5 米为宜，可用 10 号细钢筋或竹片做支架，每根长 2.4 米左右，在韭畦上弯成圆拱形，两端插入地下约 20 厘米，每隔 50 厘米一根，拱顶离畦面 50 厘米，架上用黑色塑料薄膜盖严实，并加以固定。畦的两端插入遮光板，以便放风遮光。另外，为调节温度要准备草苫；草苫的长宽以 2.5 米 ×1 米为宜。覆盖后，还要在塑料拱棚的两端设通风口，外加遮光板以防止阳光直接射入棚内，并在拱棚的两侧每隔 3 米平放一瓦筒，以利通风，调节温度与湿度。

（四）覆盖后的管理

黑色薄膜具有吸光性强、增温快、温度高等特点。因此，冬春两季覆盖，要注意降温、通风。为防高温高湿，避免叶片腐烂，还应在棚的两侧近地面处，每隔 3 米埋一瓦筒，加强通风换气。

第一茬韭黄的生长处于冬季低温季节，棚内温、湿度较低，可在棚顶加盖草苫，早揭晚盖，提高棚温，利于韭黄生长。第二茬后气温逐渐升高，棚内温度加大，应增加两侧瓦筒密度，在原有的瓦筒中间增埋一个，延长两端放风时间。白天中午阳光照射强烈时，可盖草苫降温，使棚内保持 20℃左右温度、60%~70% 的湿度，才能满足韭黄健壮生长的需要。

（五）收割

由于利用黑色薄膜后，气温较高，韭菜生长快，所以第一刀约需 40 天即可收割。第二刀 25~30 天，一般收 2 刀即应结束。为了恢复韭根的生长势，在收完第一刀韭黄后，可撤除黑色薄膜，换上透光薄膜，改为青韭栽培。青韭收割一刀后，又为根、鳞茎补充了营养，然后继续进行第三刀韭黄栽培。韭黄收割完后，转入露地栽培，进行养根、壮根管理，待翌年入冬继续进行韭黄栽培。

三、韭黄围栽生产技术

（一）韭根培养

选用叶片厚实、宽大、耐热的平韭 2 号品种，于 3 月上旬至 4 月初播种育苗。播种前进行整地、施肥、做畦和土壤保墒工作，播种后覆盖地膜或秸秆，以利增温保墒，20 天后即可出苗。一般每亩苗床用种 5~6 千克，苗床和大田面积的比为 1：5。播种后及时防治杂草和地下害虫。大田移栽时间为 6 月下旬到 7 月中旬，以夏至后 3~5 天最佳。

移栽前每亩施用优质有机肥料 3 000 千克、磷酸二铵 30 千克、尿素 20 千克，进行耕翻整地。按行距 25~30 厘米、穴距 4 厘米定植，每穴 2~3 株。

移栽后及时加强田间管理，20~30 天后每亩施尿素 25~30 千克。在整个生长期内还要注意除草和防治韭蛆。

图 5-27　地窖囤栽韭黄

（二）韭黄窖的建造

韭黄窖选择在背风向阳、地势高燥的地方。窖长 4~5 米、宽 2.5~3 米、深 75~80 厘米，窖的四周垂直铲平，每窖能排半亩大田的韭根为宜。挖好窖后，窖的底部铺一层 20 厘米厚的沙土，防止积水烂根。窖顶每间隔 50 厘米放一根水泥棒或木棒，棒上放秸秆，秸秆上放由碎麦草等与牲畜粪混合而成的酿热物，厚度在 20~30 厘米，为韭黄生长提供热量，最后窖顶用泥浆抹平。窖门留在窖的中间或一边（图 5-27）。

除地窖囤栽外，还可选用保温性能和光照条件较差的日光温室、塑料大、中棚、风障阳畦等保护设施进行韭黄囤栽。如利用日光温室、塑料大、中棚等，在棚室中挖坑，坑上覆盖黑色塑料薄膜进行韭黄囤栽。

（三）韭根的起刨

囤栽用的韭根是在通过休眠期后刨出的。刨出后可随时进行囤韭栽培，也可把韭根贮藏起来，在深冬囤韭用。韭根刨出的时期以植株地上部分全部干枯，地上部分营养全部回流到根系、根茎里以后，土地封冻之前为适期（图 5-28）。华北地区及东北南部地区以 11 月中下旬为宜。刨早了，地上部分养分还没完全转入地下部分，囤后产量降低，而且刨出的韭根在埋藏时因气温高，易发热、早发芽或腐烂而遭受损失。刨晚了，则土壤结冻，既费工又容易损伤鳞茎。

起刨韭根时要尽量少伤根系和鳞茎，刨后抖净泥土，剪去过长的须根，每 20~30 株扎成一把（图 5-29）。从 11 月中下旬至翌年 1 月下旬，可分期分批进行囤韭栽培。每批韭根从囤栽开始，连割 3 刀，共需 60~70 天，即弃之结束。栽培者可根据市场需要和当地条件，灵活确定囤韭日期。

图 5-28　韭菜地上部茎叶干枯

图 5-29　整理韭根

（四）入窖囤栽

入窖前用 100 千克细碎黏土，加尿素 1 千克，加水 200 千克，制成泥浆，将捆扎好的韭根放入泥浆中浸泡 1~2 分钟，捞出随即入窖排根。排根从窖四角开始，向窖门处排放，并留好过道。韭根要与土壤紧密接触，做到上齐下实，每把之间紧密靠拢（图5-30）。中间要留出人行道，以

图 5-30　韭根入窖囤栽

便操作管理。最后，盖上 2 厘米厚的细沙壤土，以利于发芽整齐。囤栽后，如果窖底十分潮湿，可见水痕，则无需浇水。最后封好窖门，把中间节打通的细竹竿插入窖内，用线把温度计通过细竹竿放入窖内，观察窖内的温度变化。

（五）窖内温湿度管理

窖内温湿度的管理是韭黄生产成败的关键。湿度应保持叶片上无水珠，防止韭黄腐烂。窖内温度要保持在 15~18℃，如果窖内温度不足 15℃，可以在封窖口前，用麦草 1~1.5 千克，放在窖底中心土墩上点燃，等火烧旺后，即刻封闭窖口。由于窖内缺氧，火焰会自行熄灭，而窖温能得到提高。如果窖温偏高，可在

窑口留一个小孔进行通风，温度降低后，再封闭。在生长的整个过程中要保持温度的相对稳定，不能忽高忽低。韭菜入窑后，每8~10天检查1次水分。如根部湿润，叶色鲜艳，则不必加水。如根部干燥、枯瘦，叶尖萎缩呈红色，则表明水分不足，应加水300~350千克。如窑底水多，根部有水滴时，可撒入干沙以吸水。如水过多，可将窑中心之土墩挖成坑，以集水并用勺舀出。

（六）采收

韭根入窑后30~40天即可采收。采收的标准为上部2/3的叶色鲜黄，下部1/3的叶色淡黄渐白，长度30~40厘米。采收宜选择晴天的上午较好，采收时留茬不要过低，防止伤害鳞茎影响下茬产量。采收的韭黄，放在背风向阳处的草帘上，刀口向阳晾晒1小时，促进刀口愈合，晒去底部积水，装入包装箱内尽快投放到各蔬菜市场或直接出售（图5-31）。

第一茬韭黄的产量较高，占总产量的50%以上。头茬采收后，打开窑门，晾窑1天，降低窑内的湿度，第二天每平方米洒水6千克，撒细土4~5千克，更换酿热物，20天后采收第二茬。第二茬的产量约占总产量的30%。这样一直可采收3茬，第三茬的产量约占总产量的20%。收完后韭根弃之。

韭黄出苗

韭黄长成

韭黄收割

图5-31　韭黄生长过程

第五节　韭薹栽培技术

韭薹又名韭菜花，是以采食其幼嫩花茎为主的一类韭菜。其花薹长而粗，形似蒜薹，质脆嫩，富含多种维生素，风味甚佳，深受广大消费者喜爱。

一、品种选择

一般的韭菜品种也可以生产韭薹但产量低、上市晚、品质差、效益低。生产上应选择植株粗壮、生长迅速、分蘖力强、产量高、3~10月均可抽生花薹并能连续抽薹，且纤维含量少的专用或兼用品种。目前生产上常用的专用或兼用生产品种有中华韭薹王、世纪薹韭、新育薹韭王等品种。

二、播种育苗

选择肥沃松软、保水力强、排灌良好的地块，施足基肥，精细整地，然后按畦面宽1.5~2米整地作畦。

种子应选用新种子，发芽率保证在70%以上，每亩苗地用种量为2~3千克。为播种均匀，可先用适量细沙与种子拌匀后再撒播，播种后即施辛硫磷等防治地下害虫，然后用细土覆盖种子，覆土后约1~2厘米，最后用碎谷草覆盖畦面并均匀浇水。韭薹的播种春播、秋播都行，春播一般3、4月播种，7~8月定植，翌年4~10月收获韭薹。秋播可8~9月播种，翌年3~4月定植，定植当年即可收获韭薹。

三、定植

1. 定植前准备

由于韭菜耐肥力强，能不断分蘖，多年生，根肉质且新根分布在土壤的表层。因此要选用土质深厚、肥沃疏松、排灌方便的壤土或沙壤土。定植前每亩施充分腐熟的有机肥6 000千克以上，配施尿素40千克、过磷酸钙100千克，或施入磷酸二铵50千克，深翻30厘米，使土肥混合均匀，深翻耙平耙细，做成2米宽的平畦。

2. 定植

韭菜苗长出6~8片叶，株高20~25厘米即可定植。8月中下旬，选择生长健壮、根系发达、无病虫害的优质壮苗定植，起出的苗子将须根末端剪掉，留 3~5 厘米长须根，并剪除叶尖部分，保留 8~10 厘米长叶片。平畦栽培一般行距 40 厘米，穴距 5~7 厘米，每穴 2~3 株，适当深栽，以土不压叶片为准。

3. 定植后管理

定植后立即浇水，促进缓苗。10~15 天后，韭菜缓苗，再浇一次提苗水，结合浇水追 1 次肥，每 亩施尿素 8~10 千克；并叶面追肥 1 次，每亩用磷酸二氢钾 200 克对水 50~60 千克喷施，以促进植株生长分蘖，形成壮苗，然后中耕保墒。进入雨季注意排水防涝，清除杂草。进入秋季天气转凉后，植株进入旺盛生长季节，应加强肥水管理，结合浇水追 3~4 次肥，每次每亩追施尿素 15 千克，每亩用 1 千克辛硫磷灌根防治地蛆。定植当年尽量不要收割韭菜，以养根壮秧。

四、抽薹期管理

定植翌年 4 月起就可陆续采收韭薹，为促进韭薹的良好生长发育，并获得较高的产量，抽薹期要加强管理。

1. 肥水管理

在韭菜花盛产期，为了满足韭菜花连续不断采摘花茎对养分的需要，应每 7 天亩施硫酸钾复合肥 15 千克，此外，在 3 月和 6 月分别施一次腐熟的优质有机肥；在收获的淡季则可半月施肥一次，每次每亩施硫酸钾复合肥 15 千克；为满足韭菜花对磷和钙的需要，每个季度施磷肥一次，每次每亩 35 千克，每年撒施石灰 1~2 次，每次每亩施用 40~50 千克。每次施肥结合浇水，防止肥害。

韭薹怕涝忌渍水，雨后要及时排涝，平时遇旱要淋水或灌"跑马水"，保持湿润但不积水。水分充足，偏氮或缺钾、钙均易造成花茎通心。

2. 培土

由于韭菜具有跳根的特性，因此，培土工作不容忽视。入冬前应结合施越冬肥（亩施复合肥 15 千克）进行一次大培土，平时可有计划地进行 1~2 次的小培土。培土宜在晴天进行，用表土（不宜用未腐熟的深土）培于植株根部，培土时边用手把向外张开的叶丛拢合边培土。这一措施不仅可防止倒伏，还能改善田间通风透光的状况。

3. 中耕除草，适时疏间苗

韭菜生长期间，杂草易发生，须中耕除草，锄松表土，提高土温，以利于养根发棵。经常摘除黄叶、枯叶，并集中到田外处理，以减少病虫害的发生，有利于通风透光。但不宜用刀割苗，否则将影响以后植株生长及养分积累，对花薹产量有一定的影响。当植株封行后，如发现棵数过多而影响植株正常生长时，应及时进行疏间苗，为不妨碍正常生产，疏间苗一般在收获的淡季进行（一般定植后第一年和第二年上半年不用疏间苗）。

五、及时采收

一般花茎的花蕾刚从假茎突出后 6~8 天，花茎长度与叶片长度大体相等，花苞待放，薹茎尚未纤维化时，及时采收花薹上市（图5-32）。

抽薹开花的数量与植株生长发育状况关系密切。如果植株生长势强，生长旺盛，抽薹多且肥大，否则抽薹少且细弱。

至于不采收花薹的，也可以采收韭花。韭花在花序上的花全部开放，并有部分果实内的韭菜种子开始灌浆时采收。

图 5-32　采收韭薹

第六节　寿光独根红韭菜栽培技术

独根红韭菜属多年生宿根性蔬菜，与普通韭菜相比，它的假茎比较粗壮，每年 2 月，假茎基部还会呈现紫红色。普通韭菜一般株高 50~60 厘米，单株重 30~40 克，而独根红韭菜则植株高大、直立，通常株高在 70~80 厘米，单株重达 50 克左右。独根红韭菜比普通韭菜叶片肥厚，颜色呈浓绿色，普通韭菜叶片呈淡绿色。独根红韭菜适应性强，在我国各地均宜栽培种植。与普通韭菜相比，它的耐寒性比较强，最适宜保护地冬韭生产栽培。

所谓保护地冬韭生产栽培就是根据独根红韭菜耐低温的生长特点，反季节给它创造一个生长的环境，在春季、夏季及秋季以培根壮棵为主，深秋休眠，冬季给它创造一个生长的环境，冬季收获独根红韭菜，效益比较好，与普通韭菜相比较，每亩地增产30%以上。

一、播种育苗

（一）播种

1. 育苗地的选择

每年4月上中旬育苗较为适宜，应选择空气清新、地势平坦、排灌方便、生态环境良好的地块。近二三年内没种过葱、蒜、韭菜，有机质含量在2%以上，全氮含量在0.08%以上，土壤pH值7~8，呈微碱性的沙壤土中进行育苗。

2. 整地作畦

选好的地块可在入冬前后深翻一遍，使土壤风化膨松。开春后整好育苗畦，畦宽1.4米，长度不限。如果育苗地不肥沃，每亩地可撒施蔬菜专用肥30千克。

3. 种子处理

为保证独根红韭菜的品质，要选择粒大饱满、最好是当年的新种子。播种前先将种子用30℃的温水浸泡3小时，漂去杂质，准备待播。

4. 播种

4月上中旬播种，此时地下5厘米地温一般稳定在15℃左右，很适合韭菜种子发芽。先将准备好的育苗畦浇透水，待水充分下渗后，将准备好的种子均匀撒于畦内，采用育苗移栽方式，通常每亩地用种量为6.5~7千克。种子撒完后，要覆上一层薄土，覆土厚度通常为2厘米，覆土后的第二天，可将畦面轻轻耧平。

（二）苗期管理

苗期是独根红韭菜整个生长过程中最为重要的一个时期之一。这个阶段管理的好坏，将会直接影响到日后的产量。

独根红韭菜的种子发芽速度比较快，通常 7 天左右就可以出苗。在小苗长出 3~4 片真叶时，要根据苗畦的墒情和当地的气温适时浇水，可在水中加施少量的速效氮肥，每亩地施优质氮肥 10 千克左右。

独根红韭菜在整个育苗过程中，畦中会滋生一些杂草，跟植株争夺养分，所以要及时拔掉杂草。在育苗期间，独根红韭菜容易发生韭蚜等虫害，可以喷施阿维菌素生物制剂进行及时防治。

韭菜苗移栽前 10~15 天，要停止施肥浇水，这样有利于蹲苗，防止徒长。从播种算起，经过 50~60 天，幼苗长出 4~6 片真叶时，便可定植。

二、移栽定植

定植前，首先要起苗。起苗时可以用铁锹从韭苗根部挖下，注意不要伤害韭菜苗的须根，用手轻轻甩去根部的泥土，然后进行挑选，选用真叶 4~6 片、苗高 15~20 厘米的壮苗、好苗，以备定植。

在幼苗定植之前，每亩地施 4 000~5 000 千克优质圈肥作为底肥，施肥后对土壤进行深翻，使肥料与土壤充分混拌在一起。然后用耙子将土壤耙平，将地做成宽 2 米左右的平畦，长度可根据需要而定。然后按照行距 25~30 厘米，南北拉线开沟，沟深 3~5 厘米。每沟一行，单株均匀栽植，株距 2~4 厘米，一行栽完后覆土埋平，再开第二沟，这样依次栽种。幼苗移栽完成后要立即浇一次定根水，以促进根系发育。独根红韭菜移栽后，夏季、秋季都不要进行收割，直到冬季才进行收割。

三、韭菜的田间管理

（一）初期管理

从移栽定植以后至夏至以前的管理为初期管理，这一时期是独根红韭菜养根壮棵的基础阶段。首先要适当追肥提苗，如果播种时施足了基肥，可不用急于追肥，如果基肥不足，每亩地可随浇水酌情撒施蔬菜专用肥 25~30 千克。在韭菜初期管理中还要及时进行划锄，划锄能使土壤松软，提高地温，防止杂草丛生。

这一阶段对韭菜生长危害较大的虫害之一是韭蛆，9:00~11:00用 40% 辛硫磷乳油稀释成 1 000 倍液进行喷雾，可有效防治韭蛆。

（二）中期管理

自夏至以后至立冬以前为中期管理阶段。计划冬季保护地生长的韭菜即使长得再茂盛，此时也不要进行收割，以免因收割夺去韭菜养分，影响韭菜冬季的生长，进而影响其产量和品质。这一时期独根红韭菜需水需肥能力增强，在浇水的同时，每亩地可随水撒施 30 千克蔬菜专用有机肥，以促使植株健壮生长。

由于独根红韭菜在这一时期植株比较高大，很容易出现倒伏，绑缚韭菜可有效防止倒伏，具体在韭菜地两头用竹竿和木桩固定住，然后横拉几条耐用的尼龙绳，把竹竿分别有序地插入这些线绳中，即可有效防止韭菜倒伏。

另外此时期容易发生蓟马虫害，使韭菜叶片发白，影响韭菜品质，可用 2.5% 溴氰菊酯 1 000~2 000 倍液进行喷施。

四、保护地生产管理

独根红韭菜保护地生产阶段主要指从立冬以后到第二年清明，这一时期的重要措施在于创造一个温度、湿度、光照等方面适宜韭菜生长的环境。

首先要在土地封冻前架设防风障，并随天气转冷及时搭建小拱棚。搭建小拱棚前要把畦内枯黄老化的韭菜用镰刀割除干净。搭建小拱棚主要使用竹片和塑料薄膜，竹片的实际长度为 3 米，宽度为 3~5 厘米，塑料薄膜可以选用透明度高的白色或蓝色薄膜，一般温室大棚使用的薄膜都可以，塑料薄膜的宽度要求为 3 米。竹片要延着韭菜畦的两端插结实，在韭菜畦中间还要插上一根高为 40~50 厘米的竹片，以支撑固定上面的拱形竹片，然后用尼龙绳把两个竹片系结实，每隔 70 厘米插一根拱形竹片。这样搭建起来的小拱棚，地面的宽度为 2 米左右，棚高度为 40~50 厘米，总长度等于畦的长度。

小拱棚骨架搭建好以后，不要急于覆盖塑料薄膜，每亩地要先撒施磷酸钾复合肥 25 千克，然后浇水冲施，一定要将地面浇透，这样第一茬韭菜收获前就不用再浇第二次水。待水充分下渗后，覆盖塑料薄膜，薄膜的两边用土压实。水分对于韭菜的生长是十分重要的，这一时期要保持畦内的地面潮湿松软。还要及时预防韭菜灰霉病的发生。

随着气温下降，要准备好草苫等覆盖物，温度低的时候，要在拱棚的上面及时覆盖草苫。每天根据阳光的强弱，早上 8:00~9:00 挑开草苫，15:00 前盖好。阴冷雨雪天气可全天覆盖。为确保保护地韭菜生长快，质量好，畦温一般白天保持在 14~20℃，夜晚保持在 5~10℃。

五、收割

为了获得更高的经济效益，独根红韭菜通常移栽后一直不收割，直到冬季才进行收割。元旦前 10 天，待独根红韭菜长到 7 叶 1 心就可以收获第一茬韭菜了，此时韭菜叶片宽而长，假茎粗而圆，以冬季清晨收割最好，收割时先将拱棚上面的草苫全部挑开，然后轻轻揭开塑料薄膜，先由一人用锐利的镰刀轻轻割下韭菜的根部，然后由另一人收获刚割下的韭菜。割完韭菜后要把塑料薄膜盖严实。割下的韭菜，先把根部枯萎老化的叶子去掉，然后把根部拢齐打捆。

韭菜收获 10 天后可以通过培土软化，使第二茬独根红韭菜韭白洁白细腻、味道鲜美。具体培土方法为：第一茬韭菜收获一周左右，可用预先在取土畦内准备好的细土，逐垅填充，培土高

度 5 厘米左右，待 3~5 天后，韭菜长高 10 厘米左右可培第二次土。25~30 天之后，就可以收获第二茬韭菜。整个保护地栽培期间以收获 2~3 茬为宜，收割茬数过多，会削弱韭菜来年的长势，造成减产。韭菜收割结束，随天气转暖，及时拆除防风障和小拱棚。

　　独根红韭菜定植后第一年产量较低，2~4 年为生长盛期，产量较高，其管理同第一年。独根红韭菜连续生产 4 年后，韭根衰老，产量、品质下降。应及时铲除韭根，选地重新育苗种植。

第六章　韭菜常见病虫害的识别与防治

　　韭菜，在生产过程中常受到病虫危害。过去有些地方由于盲目施用国家在蔬菜上明令禁用的剧毒农药，造成韭菜体内的农药残留量超标，给人们的健康带来威胁。现就韭菜常见的病虫害的防治方法及措施进行了科学系统的归纳，以期为韭菜生产中安全和环保的进行病虫害防治提供帮助。

第一节　韭菜常见病害的识别与防治

　　韭菜生长过程中常受到病害的侵染，从而影响其产量及品质。正确的识别并进行相应的防治，是韭菜栽培成功的关键。韭菜常见的病害可分为侵染型病害和生理型病害两大类。

一、侵染型病害

（一）韭菜疫病

1. 发病症状及特点

　　韭菜疫病发病后，根、茎、叶、花苔均可被害，以假茎和鳞茎受害最重。叶片受害，初为暗绿色水浸状病斑，病部缢缩，叶片变黄，腐烂调萎（图6-1）。天气潮湿时病斑软腐，有灰白色霜。叶鞘受害呈褐色水浸状病斑、软腐、易剥离。鳞茎受害时，根盘部呈水浸状，浅褐至暗褐色腐烂，纵切鳞茎，内部组织变浅褐色，影响体内养分贮存，使生长受抑制，新生叶片纤弱。根部染病变褐腐烂，根毛明显减少，影响水分吸收，根部寿命大为缩短。

　　该病是一种真菌型病害，病害发生适温 25~32℃，小拱棚韭菜一般发病较重。发病一般于每年 7 月至 8 月上中旬，高温多雨时发病严重，延续到 10 月下旬。病原菌以卵孢子在病残体上越冬。设施栽培时，棚内温度超过 25℃，若放风不及时、湿度过大时，

叶片受害初期，呈水渍
状病斑　　　　叶片黄化凋萎　　　　　田间受害严重

图 6-1　韭菜疫病

也易发病。

2. 防治方法

（1）农业防治。

① 选用抗性较强品种：选用直立性强，生长健壮的791韭菜、平韭四号、赛松等优良品种，对韭菜疫病有较强的抗性。

② 进行轮作换茬：栽培地、育苗地应选择3年内未种过葱蒜类蔬菜的地块。与非葱蒜类蔬菜轮作，避免连茬种植。

③ 及时清洁田园：不论保护地还是露地栽培，收获后要及时清洁田园，清除病叶残株及杂草，并将它们带出田外集中深埋或烧毁。

④ 加强管理：韭菜是多年生蔬菜，要注意增施有机肥，合理灌水，进入高温雨季，要注意暴雨后及时排出积水。发病地段撒草木灰降湿。入夏降雨前应摘去下层黄叶，将绿叶向上拢起，用马蔺草松松捆扎，以免韭叶接触地面，这样植株之间可以通风，防止病害发生。棚室保护地栽培，控制浇水量及次数，要注意及时放风，防止湿度过大。

⑤ 培育健壮植株：如采取栽苗时选壮苗，剔除病苗，注意养根，勿过多收获，收割后追肥，入夏后控制灌水等栽培措施，可使植株生长健壮。

（2）药剂防治。

① 生物药剂防治：发病前或初期，喷施3亿cfu/克哈茨木霉菌可湿性粉剂300倍液。

② 化学药剂防治：发病前可喷等量式波尔多液（硫酸铜∶生石灰 =1∶1）150~180 倍液或 2% 氨基寡糖素水剂 300 倍液预防。发病初可喷 72% 克露可湿性粉剂 700 倍液，或 69% 安克·锰锌可湿性粉剂 1 000 倍液，或 25% 甲霜灵可湿性粉剂 600~700 倍液，或 80% 的疫霜灵可湿性粉剂 600 倍液，或 75% 百菌清可湿性粉剂 500~600 倍液。间隔 7 天左右喷雾 1 次，交替用药，视病情连续喷 2~3 次。

（二）灰霉病

韭菜灰霉病，又称白色斑点病，是一种真菌型病害，也是韭菜的最主要病害之一，在保护地和露地栽培过程中均可发生（图6-2）。该病病菌喜冷凉、高湿环境，感病生育期在成株期，发病最适气候条件为温度 15~21℃，相对湿度 80% 以上。露地仅限于深秋和春季发生，保护地内则秋、冬、春均可发病，为害时间长达 5~6 个月，以春季发病最为严重，3~4 月为韭菜灰霉病的发生高峰。在棚室条件下，一般从韭菜收割前 7 天左右开始发病，从初见侵染点到点片发生只需一昼夜，从点片发生到整棚暴发流行只需 2~3 天。

图 6-2　韭菜灰霉病田间危害症状

1. 发病症状

主要为害叶片。田间可见三种不同症状表现：分为白点型、干尖型和湿腐型。

（1）白点型。初时在叶片上散生白色至浅灰褐色小斑点（图6-3），一般正面多于叶背面，斑点扩大后呈椭圆形至梭形。潮湿时病斑表面产生稀疏的灰色霉层。严重时，病斑融合成大片枯死斑，可扩及半叶或全叶，至枯死（图6-4）。

图 6-3 初期叶片散生白色斑点

图 6-4 整叶遍布斑点

图 6-5 韭菜干尖型灰霉病

图 6-6 病叶腐烂，布满霉层

（2）干尖型。由割茬的刀口处向下腐烂，初时水浸状，后变乌绿色或淡绿色，并有褐色轮纹。病斑多呈半圆形至"V"字形，以后向下发展 2~3 厘米，病叶黄褐色，最终全叶干枯，湿度大时，病部表面密生灰褐或灰绿色茸毛状霉（图 6-5）。

（3）湿腐型。从叶尖、叶鞘开始变黄褐色，迅速扩展至半叶或全叶发病腐烂。大流行时或韭菜的贮运中，病叶出现湿腐型症状，完全湿软腐烂，其表面产生灰霉（图 6-6）。

2. 防治方法

（1）农业防治。

① 选用抗病品种：如竹竿青、791 雪韭等。并与非韭菜、葱蒜类蔬菜轮作。

② 杀灭病原菌：发病重的地块施入生石灰 200 千克/亩，将其翻入土中，做成畦，浇足水，覆上塑料膜，将棚室塑料膜盖严处理 10~15 天，在晴好天气下温室大棚中 20 厘米土层温度可达

52℃以上，3~5天后就可杀死土壤中病原菌。

③ 适时通风降湿：采用浇小水或滴灌。外面温度低时，做好增温保温工作，减少棚内昼夜温差，控制叶面结露。

④ 合理密植：多施有机肥和饼肥，控制氮肥，增施磷、钾肥，补施微肥，促进韭菜健壮生长。

⑤ 韭菜收割后：及时清除病残体，带出田外深埋或烧毁，防止病原蔓延。

⑥ 最好使用无滴膜或紫外线阻断膜：由于缺少紫外线刺激，分生孢子不能发芽，发病明显减轻。

（2）药剂防治

① 生物药剂防治：发病前或初期，轮换喷施3亿cfu/克哈茨木霉菌可湿性粉剂300倍液，或10亿个活芽孢/克枯草芽孢杆菌可湿性粉剂500倍液等进行预防防治。

② 发病初期喷50%多菌灵可湿性粉剂500倍液，或50%腐霉利可湿性粉剂500倍液，或70%甲基硫菌灵可湿性粉剂500倍液，或50%异菌脲可湿性粉剂800倍液。每次收后盖土前都要喷药，每隔5~7天喷1次，连续2~3次。

③ 棚室内可选用烟剂处理，以减轻棚室内湿度：如15%腐霉利烟剂，或15%多·霉威烟剂、45%百菌清烟剂、3.3%噻菌灵烟熏剂，每亩每次250克，分放4~5个点。在傍晚从里向外逐一用暗火点燃，密闭棚室，熏3~4小时或一个晚上，隔7天熏一次，连熏4~5次。

④ 发病初期，还可喷撒5%百菌清粉尘剂，或5%福·异菌粉尘剂，或5%灭霉灵粉尘剂，或6.5%硫菌·霉威粉尘剂，傍晚进行，每亩每次喷1 000克，用喷粉器，喷头向上，喷在韭菜上面空间，让粉尘自然飘落在韭菜上，7天喷一次，连喷4~5次。

（三）韭菜菌核病

1. 发病症状及特点

该病害主要为害叶片、叶鞘或茎部。被害的叶片、叶鞘或茎基部初变褐色或灰褐色,后腐烂干枯,田间可见成片枯死株(图6-7)。后期病部产生棉絮状菌丝及由菌丝纠结成的黄白色至黄褐色或茶褐色菜籽状小菌核(图6-8)。幼嫩菌核乳白色或黄白色;老熟菌核茶褐色,致密坚实,表面光滑,易脱落。

图 6-7　田间植株受害枯死　　　图 6-8　受害植株茎基部密生菌核

该病在低温、高湿环境易于发病,属于一种真菌型病害。发病最适宜的温度为 15~20℃,相对湿度 85% 以上。韭菜菌核病的感病生育期在成株期至采收期。地势低洼、土壤黏重、积水严重、雨后受涝、偏施氮肥、过度密植的田块发病重。

2.防治方法

(1)选择适宜当地种植的优良韭菜品种进行培育,以减少菌核病为害几率。并合理密植,以提高田间通风透光性,避免田间湿气过重,菌核病高发。

(2)加强管理。加强水肥管理,以充分腐熟有机肥为主,均衡施用氮、磷、钾肥,避免偏施氮肥;及时清除病叶、集中深埋或销毁;及时改善田间排灌系统,以防止田间积水;创造有利于韭菜生育、不利于发病的栽培环境,保证韭菜生长发育良好。

(3)轮作换茬。发病地与非葱蒜类蔬菜轮作 2~3 年,避免连年种植。

（4）药剂防治。于每次割韭后至新株抽生期开始喷药预防。轮换喷施 3 亿 cfu/ 克哈茨木霉菌可湿性粉剂 300 倍液、1% 武夷菌素水剂 600 倍液、50% 硫黄悬浮剂 300 倍液、5% 井冈霉素水剂 400~500 倍液等，或选用 50% 速克灵可湿粉 800 倍液，或 50% 扑海因可湿粉 800 倍液。交替施用，着重喷植株基部。连喷 2~3 次，间隔 7~15 天用药 1 次，并使用新高脂膜混合使用，可降低农药毒性，减少每亩用药量，提高防治效果。

（四）韭菜锈病

1. 发病症状及特点

该病侵染韭菜叶片和花梗。最初在表皮上产生黄色小点，逐渐发展成为纺缍或椭圆形隆起的橙黄色小疱斑，病斑周围常有黄色晕环，以后扩展为较大疱斑，其表皮破裂后，散出橙黄色的粉末状物，叶片两面均可染病，后期叶及花茎上出现黑色小疱斑，病情严重时，锈褐色粉斑布满整个叶片，失去食用价值（图 6-9）。

图 6-9　韭菜锈病

该病是由葱柄锈菌侵染引起的真菌性病害。周年以夏孢子转移侵染，借助气流传播。温暖而多湿的天气有利于侵染发病，尤其毛毛雨或露多雾大天气时较易流行。品种抗病性差，偏施氮肥，种植过密和钾肥不足时发病重。地势低洼、排水不良易发病。常发生于 5－6 月和 10－11 月。

2. 防治方法

（1）轮作，减少菌源累积；合理密植，做到通风透光良好；雨后及时排水，防止田间湿度过高；采用配方施肥技术，多施磷钾肥，提高抗病力。

（2）收获时，尽可能低割，注意清洁畦面，喷洒 45% 微粒硫黄胶悬剂 400 倍液。

（3）药剂防治。早喷药预防，应于植株尚未完全封行、病害发生前就需动手喷药。轮换喷施 3 亿 cfu/ 克哈茨木霉菌可湿性粉剂 300 倍液、或喷施 50% 超微硫磺悬浮剂 200~300 倍液，或 20% 石硫合剂膏剂 150~200 倍液，或 30% 氧氯化铜 + 75% 百菌清（1∶1，即混即喷）600~800 倍液，预防病害发生。定植喷施 27% 高脂膜乳剂 600 倍液，形成保护膜，防止病菌侵入。发病初期及时喷洒 12.5% 腈菌唑乳油 1 500 倍液，40% 福星乳油 8 000~10 000 倍液，25% 敌力脱 3 000 倍液。每隔 7~10 天喷 1 次，连续 2~3 次。交替喷施，喷匀喷足。

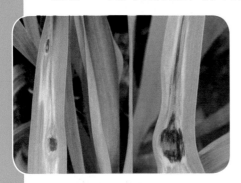

图 6-10　韭菜黑斑病

（五）韭菜黑斑病

1. 发病症状及特点

主要危害叶片、花梗或鳞茎。叶片、花梗染病初生浅褐色、卵圆形至纺锤形条斑，后变为黑褐色，有轮纹，湿度大时表面密生黑色霉层（图 6-10）。叶斑融合致全叶干枯；花梗染病易倒折；鳞茎染病多变黑腐烂，种子不易成熟。

该病是一种真菌型病害，病菌主要以菌丝或分生孢子在种子或病残体上越冬，借气流或雨水及农事操作进行传播，在适宜条件下经气孔或伤口侵入。多雨年份或田间湿度高利于发病。

2. 防治方法

（1）清洁田园。收获后及时清除病残体，或结合翻地进行深埋，以减少菌源。

（2）加强田间管理。科学施肥，施用沤制的堆肥或充分腐熟有机肥，合理密植，适量浇水降低田间温度以减少发病。有条件尽量滴灌或地下灌溉。

（3）药剂使用。发病初期可喷施，70% 代森锰锌干悬粉 500

倍液、75%百菌清可湿性粉剂 600 倍液、64%杀毒矾可湿性粉剂 500 倍液、47%加瑞农可湿性粉剂 1 000 倍液、50%扑海因可湿性粉剂 1 500 倍液。每隔 7~10 天喷 1 次，连喷 2 次。采收前 7 天停止用药。

（六）白绢病

1. 发病症状及特点

该病属于真菌性病害，韭菜须根、根状茎及假茎均可受害。根部及根状茎受害后软腐，失去吸收功能，导致地上部萎蔫变黄，逐渐枯死。假茎受害后亦软腐，外叶首先枯黄或从病部脱落，重者整个茎秆软腐倒伏死亡。所有患病部位均产生白色绢丝状菌丝，中后期菌丝集结成白色小菌核。在高温潮湿条件下，病株及其周围地表都可见到白色菌丝及菌核（图 6-11）。

图 6-11 韭菜白绢病

该病菌发病适温为 30~33℃，尤以 6~8 月大雨后的高湿条件下发病重。土壤偏酸性，高温或时晴时雨时更利于该病发生。

2. 防治方法

（1）农业防治。

①施用充分腐熟有机肥，避免粪肥带菌。

②播种前将种籽过筛，尽量除去小菌核。

③田间部分植株开始发病时，要连根拔除病株销毁，甚至可将病株穴内的土壤取出韭菜地外，并在病株穴内及其附近施用石灰杀菌。

④重病区提倡间套作，降低田间湿度。韭菜植株矮小，如净作，往往通风不良，株间湿度较大，有利于发病。可采用宽窄行栽培，在宽行中种植茄果类、豆类等蔬菜，实行高矮搭配种植，不仅可降低田间湿度，还可充分利用土地，提高经济效益。

⑤加强管理：天旱时注意灌水，防止植株衰弱，提高抗病能力；久雨不晴应注意排水，降低田间湿度，创造不利于发病的条件。

（2）药剂防治。发病前，轮换喷施 3 亿 cfu/ 克哈茨木霉菌可湿性粉剂 300 倍液、1% 武夷菌素水剂 600 倍液、50% 硫黄悬浮剂 300 倍液等进行预防。发病初期开始喷 20% 甲基立枯磷乳油 1 200 倍液，12.5% 腈菌唑乳油 1 500 倍液，25% 敌力脱乳油 3 000 倍液，40% 福星乳油 8 000~10 000 倍液。每隔 7~10 天喷 1 次，视情况喷 1~2 次。采收前 7 天停止用药。

（七）韭菜叶枯病

1. 发病症状

韭菜叶枯病又称晚疫病、斑枯病，主要为害叶片和花茎，叶片染病多从叶尖或积水处开始侵染，初形成白色近椭圆形小点，以后发展成长条形或不规则形灰白色坏死斑，其上产生黑色霉状物，严重时病叶枯死（图 6-12）。花梗染病，初期也形成近椭圆形白色凹陷小点，以后发展成坏死枯斑，其上产生黑色霉层，易从病部折断。有时也在病部产生许多黑色小粒点。植株种植过密，氮肥用量过大、钾肥不足，植株长势过弱易致发病加重。地势低洼，棚室透风、透气、透光不良等都易造成病害流行。

图 6-12　韭菜叶枯病

2. 防治方法

（1）农业防治

①选用适合当地栽培的高产抗病良种。

②施用充分腐熟的农家肥或施用钙肥、磷酸二氢钾叶面肥，提高养分，科学浇灌，切忌大水漫灌，提高韭菜抗病力。

③收获时，对发病比较严重的田块要尽可能低割，并及时清

洁畦面，处理病残枯叶。

（2）药剂防治。及早施药防病，当韭菜嫩芽出土长到3~4厘米时，用50%多菌灵或70%甲基托布津600~800倍液，或75%百菌清可湿性粉剂600倍液，或64%杀毒矾可湿性粉剂500倍液，或40%多菌灵胶悬剂500倍液，或70%代森锰锌可湿性粉剂400倍液，或50%福美双可湿性粉剂400倍液，或80%大生可湿性粉剂800~1 000倍液交替喷雾，每隔7~10天一次，连喷3次。

（八）韭菜白粉病

1. 发病症状及特点

韭菜白粉病是韭菜的常见病害，主要危害叶片。染病的植株，最初叶片背面会零星出现霉层，呈现斑块状白色霜状，不久之后表面会失去绿色，变成浅黄色斑块。病害严重时，叶色变黄、下垂，最终枯萎，影响植株的光合作用（图6-13）。

该病属真菌性病害，病菌可在温室蔬菜上存活而越冬，分生孢子借气流传播，病害发展很快，往往在短期内大流行。温度20~25℃，相对湿度45%~75%发病快。

图6-13　韭菜白粉病

2. 防治方法

（1）选择地势较高、通风、排水良好地种植。及时清除杂草、病叶，减少病源。

（2）加强田间管理。生长期避免氮肥过多，增施磷钾肥，培育健壮植株，提高抗病力。

（3）药剂防治。发病前，轮换喷施 3 亿 cfu/ 克哈茨木霉菌可湿性粉剂 300 倍液、2% 武夷菌素水剂 100 倍液、10 亿个活芽孢/ 克枯草芽孢杆菌可湿性粉剂 1 500 倍液等进行预防。发病初期可选用 70% 甲基托布津可湿性粉剂 800 倍液，或 50% 硫磺悬浮剂 300 倍液，或 30% 特富灵可湿性粉剂 1 000 倍液等。每 7~10 天喷药 1 次，连喷 2~3 次。

（九）韭菜软腐病

1. 发病症状及特点

主要为害韭菜的叶片、叶鞘、根等部位，叶片受害初生灰白

色半透明病斑，后失绿变黄，湿度大时产生水浸状腐烂，最后发病叶片倒伏，有恶臭味的黏液溢出。叶鞘受害后从基部开始水浸状腐烂，逐渐向叶鞘深处发展，使茎基部软化腐烂，并渗出黏液，散发恶臭，严重时成片倒伏死亡，病田相当触目。根部受害后呈黑褐色腐烂（图 6-14）。

该病害为细菌性病害，病原主要随病残物遗落土中或未腐熟堆肥中越冬。在田间借雨水、灌溉水以及昆虫活动传播蔓延，从伤口或自然孔口侵入。温暖多湿、

图 6-14　韭菜软腐病病株

降雨频繁的季节容易发病、连作或低洼积水或土质粘重的田块发病重。

2. 防治方法。

（1）选择种植耐热，耐湿品种。如马蔺韭、791 韭菜等。

（2）冬季韭菜收割后可用 0.3% 四霉素水剂 600 倍液叶面喷雾，四霉素不仅有杀菌作用，还有促进伤口愈合的作用。

（3）及时防除虫害，减少伤口。由于该病的病菌多从伤口

侵入，所以要尽量减少韭蛆造成的伤口，及早防治韭蛆，做到治虫防病。可用 1.8% 阿维菌素乳油 1 000 倍液，或 50% 辛硫磷乳油 1 000 倍液，在每年的 4 月下旬和 10 月上旬进行顺垄灌根，用 10% 灭蝇胺悬浮剂 1 000~1 500 倍液进行喷雾。

（4）发现中心病株及时用药，可用 50% 玻胶肥酸铜可湿性粉剂 500 倍液，或 47% 春雷·王铜（加瑞农）可湿性粉剂 800~1 000 倍液，或 72% 农用硫酸链露素可湿性粉剂 1 000 倍液，或 3% 中生菌素可湿性粉剂 400~500 倍液，7~10 天一遍，连用 2~3 次，韭菜收割前 7 天停止用药。

（十）韭菜病毒病

1. 发病症状及特点

韭菜毒病属系统侵染病害。染病后生长缓慢，植株叶片变窄或披散，叶色褪绿，沿中脉形成变色黄带呈条状，是本病重要特征（图6-15）。后叶尖黄枯，发病重的植株矮小或萎缩，最后枯死。

病毒可通过葱蚜、桃蚜等进行远距离传播。韭菜生长季节遇有高温和干旱易发病，蚜虫量大时发病重。

2. 防治措施

（1）农业防治。

① 发现病毒株后，要及时把整墩发病韭菜挖出，集中深埋或烧毁，控制毒源，防止扩大。

图 6-15 韭菜病毒病

② 收割韭菜时，先割健株、后割病株，防止割刀接触病株扩大传染，割刀接触病株后，应把割刀浸入 10% 磷酸三钠溶液中进行消毒，也可同时用多把刀，每割数墩后，集中浸入上述溶液中消毒。

③ 加强韭菜田肥水管理，及时拔除韭菜田中杂草。

（2）药剂防治。

① 发现葱蚜或桃蚜为害韭菜，要及时喷洒50%抗蚜威超微可湿性粉剂2 000~3 000倍液，及时消灭传毒蚜虫。

② 植株发病前，轮换喷施1∶1∶200倍波尔多液、0.1%高锰酸钾溶液、1%武夷菌素600倍液、0.5%香菇多糖500倍液等进行预防。发病初期及时喷洒5%菌毒清可湿性粉剂400倍液或0.5%抗毒剂1号水剂300倍液、20%毒克星（盐酸吗啉胍铜）可湿性粉剂500倍液、20%病毒宁水溶性粉剂500倍液，隔7~10天1次，连续防治2~3次。采收前7天停止用药。

二、生理性病害

（一）生理性根腐病

1. 发生原因

根腐病是造成根株死亡的主要原因。韭菜因根腐病死亡有3种情况：一是窒息性根腐。多因在韭菜田里堆放畜禽粪和杂物，引起局部高温，使韭根处于无氧条件下呼吸，造成乳酸和乙醇积累而中毒。二是积水结冰引起的根腐，浇冻水时间偏晚，水量过大，造成地内积水结冰，冻融交替拉断根系，或低温下水浸引起根死亡。三是积水缺氧。在高温多雨季节，雨后畦面积水，不能及时排出，土壤的湿度过大，抑制根系呼吸时，容易引发根腐。

2. 发病症状

根腐轻者出现"干梢"，即叶尖枯黄，重者鳞茎和根系腐烂，地上部分枯萎，伴有较浓的臭味，甚至整株死亡（图6-16）。

图6-16　韭菜根腐病

3.防治方法

韭菜田尽量避免堆放禽畜粪和杂物；翻耕松土，施足充分腐熟的有机肥，肥料要深施，与土壤混合均匀，施化肥时勿伤根；合理灌水，不用被有毒化学物质污染的水灌溉，选用井水、干净河水。及时浇灌冻水，冬前灌水要适量，防止地面结冰；雨后及时排水，降低土壤湿度，防止涝害。发现病株，可用300倍波尔多液灌根，7天灌1次。

（二）叶片黄化

1.发生原因及症状

主要是营养物质供应不足，同化作用难以正常进行；叶绿素逐渐消失，相对叶黄素显现较多（图6-17）。造成这种现象的原因很多，主要有以下几种：

（1）贪刀。即收割间隔时间过短，大量消耗营养物质，而难以完成必要的营养积累，从而影响根系的发育。据调查，叶片黄化的韭菜，不但鳞茎细短，植株矮小，而且鳞茎贮藏根中的养分已消耗殆尽，根系已停止伸长，而且已变为根冠粗硬的木栓化根，基本丧失了吸收营养物质的机能，地上部的同化作用难以

图6-17 韭菜黄叶

正常进行，叶绿素消失，叶黄素相对显现，造成叶片黄化。

（2）狠刀。即在收割时所留叶鞘过短，将贮藏养分的叶鞘基部割得太多，损耗的养分增多，造成营养失调，从而抑制了根系的发育，使根系吸收功能减弱。根系的矿物营养供应不足，就会使光合作用降低甚至停止，必然使叶绿素减少。

（3）水分供应失宜。冻水浇得过早，冬春雨雪少，天气干旱，

或在收割期间不适当的浇水，都会使耕作层的土壤水分失调。水分少，土壤中可溶性矿物质营养也少，根系营养补充不足。当鳞茎和贮藏根养分消耗殆尽时，易发生叶片黄化现象。④只注重施用化肥，忽略有机肥，土壤孔隙度降低，通透性差，根系呼吸不畅，导致营养不良出现黄叶。

2. 防治方法

（1）每年收割次数不宜过多，一般春季收割 2~3 次即可，夏秋季主要是养根。越冬茬一般冬季收割 1~2 次，其他时间不收割以培养壮根。

（2）收割时注意留茬高度，一般留茬高度在鳞茎上 3~5 厘米，即割口处呈黄色，切不可割得过深，否则将影响下一茬韭菜的生长。"扬刀一寸，等于上茬粪"就是这个道理。

（3）注意收割间隔时间，一般收割间期一个月。收割期间内应根据土壤湿度情况，适时浇水。

（三）韭菜生理性干尖

韭菜叶尖干枯，像失水状，后期全叶干枯（图 6-18）。

1. 发生原因

（1）韭菜适应中性土壤，若土壤呈酸性或大量施用酸性肥料，如含腐植酸的肥料、过磷酸钙等，会改变土壤理化性状，使土壤呈现酸化，不利于根系发育和生长，使韭菜叶片细弱，叶尖干枯。

（2）扣膜前施用碳铵，浇水后地表仍有肥料残留，或在地面撒施尿素，都可能在扣膜后挥发出氨气，引起氨气中毒（图 6-19）。

（3）棚室内长期高温干燥，或连阴骤晴，或高温后遭受冷风侵袭，可导致叶尖枯黄。

图 6-18 韭菜干尖

（4）营养不足，缺钙，镁，硼等元素也会引起叶尖枯死。偏施氮肥、氮磷钾比例失调，从而抑制微量元素的吸收和利用。

2. 防治方法

（1）施入足量的有机肥做基肥，注意调节土壤酸碱度。扣膜前后不要施入直接或分解后可产生氨气的肥料，一次施肥量不宜过大；

（2）加强管理，不使温度过高或过低，平衡施肥。在不影响保温的前提下，适当进行通风排除有害气体，尤其在追肥后数天之内更要注意通风换气。

图6-19　韭菜氨气中毒导致干叶

（四）缺素症

1. 发生原因及症状

因韭菜属多年生蔬菜，土壤中某些微量元素常出现匮缺，这种现象一般在老韭菜田发生普遍。主要有缺钙、缺镁、缺铁、缺硼、缺铜等。如缺钙时心叶黄化，部分叶尖枯死；缺镁引起外叶黄化枯死；缺铁时叶片失绿，呈鲜黄色或淡白色，失绿部分的叶片上无霉状物，叶片外形无变化，一般出苗后10天左右开始出现症状；缺硼时整株失绿，发病重时叶片上出现明显的黄白两色相间的长条斑，最后叶片扭曲，组织坏死，发病时间也出现在出苗后10天左右；缺铜时发病前期生长正常，当韭菜长到最大高度时，顶端叶片1厘米以下部位出现2厘米长失绿片段，酷似干尖，一般在出苗后的20~25天开始出现症状。

2. 防治方法

（1）选择排灌方便、土壤肥沃的地块做菜地；增加优质农家肥施用量，实行倒茬轮作制度；

（2）进行药物防治。预防可用花果灵800倍液喷雾（含多种微量元素的合剂）进行防治。对发生了相应缺素症状的植株，可对症防治：对缺钙症可用氯化钙 500 倍液喷雾；对于缺镁症可用硫酸镁 500 倍液喷雾；对缺铁症可用硫酸亚铁 500 倍液喷雾；对缺硼症可用硼砂 200 倍液喷雾；对缺铜症可用硫酸铜 700 倍液喷雾。

第二节　韭菜虫害

一、韭蛆

（一）为害症状

韭蛆是迟眼蕈蚊的幼虫，是葱蒜类蔬菜的主要害虫之一。以幼虫聚集在韭菜地下部的鳞茎和柔嫩的茎部为害。初孵幼虫先为害韭菜叶鞘基部和鳞茎的上端。春、秋两季主要为害韭菜的幼茎引起腐烂，使韭叶枯黄而死。夏季幼虫向下活动蛀入鳞茎，重者鳞茎腐烂，整墩韭菜死亡。

（二）韭蛆形态及生活习性

1. 形态特征

虫态有成虫、卵、幼虫、蛹。卵长 0.25 毫米，椭圆形，乳白色。幼虫体长 6~9 毫米，圆筒形，头部黑色，体乳白色，表面光滑（图 6-20）。蛹长 2.7~3 毫米，长椭圆形，裸蛹开始为黄白色，后慢慢变为黄褐色，最后变为灰黑色。成虫为小型蚊子，体长 3~4 毫米，黑褐色，头小，常成群聚集，交配后不久即在原地产卵（图 6-21）。

2. 生活习性

一般一年发生 4 代，每年的 4 月下旬到 10 月上旬为发生期，7 月下旬至 8 月上旬成、幼虫大发生。幼虫成群危害韭菜地下叶鞘、嫩茎及芽，咬断嫩茎并蛀入鳞茎内危害。露地栽培的韭菜田，韭蛆幼虫分布于距地面 2~3 厘米处的土中，最深不超过 5~6 厘米。韭蛆老熟幼虫或蛹在韭菜鳞茎内及根际 3~4 厘米深的土中越冬。成虫畏光、喜湿、怕干，对葱蒜类蔬菜散发的气味有明显趋性。

卵多产在韭菜根茎周围的土壤内。土壤湿度是韭蛆发生的重要影响因素，黏土田较沙土田发生量少。

图 6-20　韭蛆幼虫

图 6-21　韭蛆成虫

（三）防治方法

1. 农业防治

（1）不使用生粪。韭蛆成虫喜欢在未腐熟的粪肥上产卵，使用的有机肥要充分的腐熟，杜绝使用生粪。

（2）硅营养法防韭蛆。主要选择稻壳、麦壳、豆壳，其中稻壳中的碳素物含硅高达 91% 左右，亩施稻壳 300~500 千克，麦壳或豆壳 600~1 000 千克，可有效避免蛆虫为害。

（3）播种或定植前用 70% 的沼液浇灌，水面在地面 3~4 厘米上；生长期用 50%~60% 的沼液浇灌，水面在地面 3~4 厘米上，可防治韭蛆和其他地下害虫。

（4）加强栽培管理。夏秋季节，韭菜要适当疏叶，并加强支持防止倒伏，加强通风透光，减少成虫聚集繁殖的隐蔽潮湿场所。在各类保护地韭菜萌发前，最好进行紧撮，晒根，扒去表层土，露出韭葫芦，晾晒 5~7 天，可杀死部分根蛆。

（5）土壤封冻前要灌冻水，灌溉后可将垄边两侧土撒到韭菜田中，覆土厚度为 3~4 厘米，春季韭蛆数量可得到有效控制，基本不造成危害。在幼虫危害期，浇水时追施碳酸氢铵 15 千克，可控制幼虫危害。在韭菜收割时为防止成虫产卵，可同时撒施草木灰。

（6）利用韭蛆对作物的选择性，选择韭蛆不危害的蔬菜进行轮作，轮作期为3年，将起到较好的防治作用。

2. 物理防治

（1）防虫网纱隔离。4~11月，利用温室、塑料拱棚现有骨架，覆盖防虫网，四周密封，不留缝隙，防止害虫进入。

（2）灯光诱杀。需选波长320~680纳米的宽谱诱虫光源，诱杀半径100米，对双翅目的蝇类可有效诱杀。在成虫期挂，白天关灯，晚上开灯，诱杀成虫，控制蛆虫为害。

（3）糖醋液诱杀成虫。成虫具有趋化性，可用糖醋液诱杀，按糖∶醋∶酒∶水=3∶3∶1∶10的比例配制糖醋液，配好后加90%的敌百虫0.1份。将配好的糖醋液放在小盘内，分数点放在田间，5~7天更换一次。

（4）黄板诱杀。根据成虫的趋黄性，棚室内按20平方米悬挂一块粘虫黄板，诱杀韭蛆成虫。

3. 生物防治

（1）昆虫病原线虫防治韭蛆。昆虫病原线虫贮藏在海绵内，使用时取出在水中反复挤压，并对挤压出含有线虫的母液进行释释、摇匀。在作物根部开沟（穴），去掉喷雾器喷嘴，按2亿条/亩的量，将线虫液灌注到作物根部，覆土、浇水。

（2）生物制剂防治韭蛆。秋季临近盖膜期，选择温暖无风天气，扒开韭墩，晾晒根2~3天后，每亩用25%灭幼脲悬浮剂250毫升，对水50~60千克，顺垄灌于韭菜根部，然后再浇一次透水，盖膜后一般不再浇水。也可喷施8 000单位/毫克苏云金杆菌可湿性粉剂500倍液。

（3）植物源农药防治韭蛆。在韭蛆发生初期，可用0.3%苦参碱水剂400倍液灌根或每亩用1.1%苦参碱粉剂2~2.5千克，加水300~400千克灌根。灌根方法为：扒开韭菜根茎附近的表土，去掉常用喷雾器的喷头，打气，对准韭菜根部喷药，喷后立即覆土。也可喷施10%烟碱乳油800倍液、0.3%印楝素乳油750倍液等。

4. 化学药剂防治

用辛硫磷灌根或撒施，一般按每亩用5%辛硫磷颗粒剂2千克，掺些细土撒于韭菜根附近，再覆土。或50%辛硫磷乳油800倍液与BT乳剂400倍液混合灌根均可。先扒开韭菜附近表土，将喷雾器的喷头去掉旋水片后对准韭根喷浇，随即覆土。如需结合灌溉用药，应适当增加用量先将药剂稀释成母液后随灌溉水施入田里。

二、葱蓟马

葱蓟马又叫烟蓟马、瓜蓟马，属缨翅目蓟马科害虫，是一种食性很杂的害虫，主要为害韭菜、大葱、大蒜、洋葱及瓜果类蔬菜。

（一）为害症状

葱蓟马的成虫和若虫均可为害，以锉吸式口器为害寄主植物的心叶和嫩芽，吸食叶中的汁液，使韭菜产生细小的灰白色或灰黄色长条斑点。严重时韭叶失水萎蔫、发黄、干枯、扭曲，严重影响产量和品质，降低食用价值。并传播多种作物病毒病。在干燥少雨、温暖的环境条件下发生严重（图6-22）。

图 6-22　蓟马为害症状

（二）形态特征及生活习性

属于体型微小的昆虫，成虫体长 1.2~1.4 毫米，成虫极活跃，善飞，怕阳光，早、晚或阴天取食（图6-23）。初孵幼虫集中在韭叶基部为害，稍大即分散。华北地区1年生3~4代，山东6~10代，华南10代以上。在25℃和相对湿度60%以下时，有

图 6-23　葱蓟马

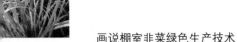

利于葱蓟马发生，高温高湿则不利，暴风雨可降低发生数量。山东地区一年中以 5 月上旬至 6 月下旬进入为害盛期。各地受害率为 80%~100%。成虫白天多在叶背为害。6 月中旬韭菜上葱蓟马的数量最多，是为害严重期，7 月后进入高温季节，数量急剧下降。

（三）防治措施

1. 农业防治

（1）加强田间管理。及时清除田间杂草和枯枝落叶，集中烧毁或深埋，消灭虫源。

（2）在韭菜生长期间勤浇水、防止干旱，勤除杂草，可减轻蓟马的危害。

2. 物理防治

利用蓟马的趋蓝习性，在田间设涂有机油的蓝色板块诱杀。

3. 化学防治

发生初期喷洒 0.3% 印楝素乳油 800 倍液、95% 矿物油乳油 300 倍液等喷雾防治。或艾绿士（6% 乙基多杀霉素悬浮剂）800 倍液、或 99.1% 敌死虫乳油 300 倍液、或 5% 氟虫腈悬浮剂 2 500 倍液、或 10% 吡虫啉可湿性粉剂 2 000 倍液、或 70% 吡虫啉水分散粒剂 10 000 倍液、或 25% 噻虫嗪水分散粒剂 6 000 倍液、或 2.5% 高效氯氟氰菊酯乳油 2 000 倍液、或 10% 氯氰菊酯乳油 2 000 倍液进行防治，以上药剂轮换施用，7~10 天喷一次，连喷两次。

三、韭菜潜叶蝇

又名葱斑潜蝇、葱潜叶蝇，主要为害葱、洋葱、韭菜等蔬菜。属双翅目潜蝇科。

（一）危害症状

主要以幼虫为害。幼虫蛀食叶片的叶肉组织，呈曲线状或乱麻状隧道，破坏叶片的绿色组织，影响韭菜的生长，降低产量。

（二）形态特征

成虫为体型微小的（体长约 2 毫米）黑色小蝇子。前翅透明并有紫色光泽；后翅退化为平衡棍。幼虫体长 4 毫米，宽 0.5 毫米，淡黄色，细长圆筒形。成虫活泼，飞翔于韭葱株间或栖息于叶筒端。该虫在华北地区年发生 3~5 代，以蛹在被害叶内和表土越冬。卵散产于叶组织内，孵出的幼虫即在叶内蛀食，在隧道内能自由进退。老熟幼虫在隧道一端化蛹，以后穿破表皮羽化。其卵、幼虫和蛹均在叶内生活（图 6-24）。

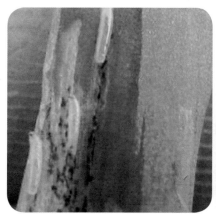

图 6-24　韭菜潜叶蝇幼虫及成虫

（三）防治措施

1.农业防治

（1）保护无虫区，严禁从有虫地区调用韭苗。

（2）加强肥水管理。使用充分腐熟的有机肥，增施磷钾肥，适时灌溉，培育壮苗。

（3）早春及时清除田内外杂草，处理残株，减少虫源。发现受害叶片随时摘除，集中沤肥或掩埋。收获完毕，田间植株残体和杂草及时彻底清除。并深翻土壤，冬季冻死越冬蛹。

2. 药剂防治

（1）诱杀成虫。越冬代成虫羽化盛期，利用其对甜汁的趋性，可用甘薯、胡萝卜煮汁按 0.05% 的比例加晶体敌百虫制成诱杀剂，按每平方米有 1 个诱杀株的比例喷布诱杀剂，可每隔 3~5 天喷 1 次，共喷 5~6 次。也可用糖醋液诱杀成虫（用法见韭蛆）。

（2）化学防治。成虫盛期喷洒 5% 阿维菌素 800 倍液，或 75% 灭蝇胺可湿性粉剂 2 000 倍液，或 10% 烟碱乳油 800 倍液，间隔 7 天喷 1 次，连喷 2~3 次。均能起到较好的防效。

四、葱须鳞蛾

葱须鳞蛾是近年来在我国北方韭菜集中产区发生的一种钻蛀性害虫，主要为害韭菜、葱、洋葱等百合科蔬菜。一年发生多代，以秋季危害较重，能使连秋生产的韭菜丧失商品价值。

（一）危害症状

葱须鳞蛾以幼虫危害为重，成虫将卵散产于韭菜叶上，孵化后幼虫向叶基部转移危害。幼虫蛀食韭叶，将叶咬成纵沟，有时残留表皮，以后幼虫在沟中向叶鞘部蛀食。严重时心叶变黄，降低产量和质量。但不侵入根部，常把绿色的虫粪留在叶基部分杈处，以老韭菜和种株受害最重。

（二）形态特征

成虫体长 4~4.5 毫米，翅展 11~12 毫米，全体呈黑褐色。卵长圆形，初产乳白色发亮，后变浅褐色。老龄幼虫体长 8~8.5 毫米，头浅褐色，虫体黄绿至绿色，各体节有稀拉的毛（图 6-25）。蛹长 6 毫米左右，纺锤形，后期深褐色，外被白色丝状网茧。

图 6-25　葱须鳞蛾幼虫

（三）生活习性

在北方一年发生 5~6 代，以成虫在越冬韭菜干枯叶丛或杂草下越冬，5 月上旬成虫开始活动，5 月下旬幼虫开始为害，各代发育不整齐，从春到秋均有为害，以 8 月为害严重。幼虫性活泼，受惊即吐丝下垂。幼虫成熟后从茎内爬到叶片上，吐丝做茧化蛹，羽化后产卵。

（四）防治方法

1. 科学肥水，培育壮苗

铲除田间以及周围杂草，收获后清除田间病残组织，减少来年虫源基数。

2. 药剂防治

可用 5% 敌杀死（溴氰菊酯）乳油 4 000 倍液，或 2.5% 功夫（三氟氯氰菊酯）乳油 4 000 倍液，或 20% 甲氧虫酰肼悬浮剂 500 倍液，35% 氯虫苯甲酰胺悬浮剂 3 000 倍液，15% 茚虫威乳油 3 000 倍液，或 50% 巴丹可湿性粉剂 1 000 倍液等药剂喷雾防治。

五、韭菜跳盲蝽

（一）为害症状

主要为害韭菜、大葱。韭菜跳盲蝽以成虫、若虫刺韭吸韭菜，产生白色至浅褐色斑点，严重的每平方米有虫近千头，致全株叶片变黄枯萎。

（二）形态特征及生活习性

成虫黑色，长约 2 毫米，有光泽，头部三角形，触角细长，前翅鞘质黑色；若虫红褐色。山东一带 2 月下旬，韭菜和葱田可见成虫活动，一直持续到秋天，11 月中旬仍可见大量成虫和若虫（图 6-26）。

图 6-26　韭菜跳盲蝽

127

（三）防治方法

1. 农业防治

冬耕和清洁田园，清除田边的落叶和枯草；适时浇水，可杀死部分成虫及第 1 代卵。

2. 药剂防治

以成虫为主，防治若虫应于分散之前。可用 10% 啶虫脒 800 倍液，50% 吡蚜酮可湿性粉剂 1 000 倍液，2.5% 溴氰菊酯 3 000 倍液，或 50% 辛氰乳油 3 000~4 000 倍液，10% 吡虫啉可湿性粉剂 2 000 倍液等喷雾。采收前 7 天停止用药。

六、葱蚜

属同翅目蚜科，主要为害韭菜、葱和洋葱等葱蒜类蔬菜。

（一）为害症状

葱蚜具群集性，初期都集中在植株分蘖处，当虫量大时布满全株。以若虫、成虫为害寄主叶片，刺吸汁液，严重时布满叶片，造成植株早衰，枯黄萎蔫。

（二）形态特征及生活习性

图 6-27　葱蚜

无翅孤雌蚜，卵圆形黑色或黑褐色，体长 2 毫米。有翅孤雌蚜头部黑色，翅脉镶黑边。葱蚜一年发生 20~30 代，若温度适宜终年可繁殖为害（图 6-27）。在北方田间以春、秋发生量大，危害严重。此虫有假死性和趋嫩性。环境干燥有益于葱蚜发生。

（三）防治措施

1. 农业防治

采用与非葱蒜类作物轮作 3 年以上，少施氮肥，增施含磷腐熟有机肥。

2. 物理防治

可采用悬挂黄板诱杀或铺设银灰色塑料薄膜驱避葱蚜。

3. 化学防治

棚室发生韭菜蚜虫可用杀蚜虫烟剂熏治，在棚室内分散放 4~5 堆，暗火点燃，密闭 3 小时左右即可。

防治蚜虫宜尽早用药，将其控制在点片发生阶段。药剂可选用 20% 烯啶·噻虫啉水分散粒剂 1 500 倍液，或 40% 烯啶·吡蚜酮水分散粒剂 2 000 倍液，或 10% 啶虫脒微乳剂 1 500 倍液，或特福力（22% 氟啶虫胺腈悬浮剂）1 500~2 000 倍液喷雾，喷雾时喷头应向上，重点喷施叶片反面。7~10 天喷药一次，根据情况喷施 1~2 次。

第七章　韭菜的采后处理、贮藏和运输

第一节　韭菜的采后处理

图 7-1　韭菜收割

一、韭菜的采收标准

韭菜采收标准是株高 30~35 厘米，平均单株叶片 6~7 个，生长期在 25 天以上。施药后 15 天之内不要收割，以免造成药害，影响品质（图 7-1）。

二、整理、包装

将采收后的韭菜下部泥土杂物和干枯损坏的鳞茎叶片去除，使韭菜看上去干净整齐，鳞茎白而长，一般靠手工完成。在日本，有专门机械，依靠强制风力把泥土杂物、枯叶等剥离吸走，可提高工作效率。然后用鲜艳的丝带绑成束，一般每 100 克绑成 1 束，每 10 束放入 1 个塑料袋中，每 4 袋再放入 1 个包装箱内。不同等级的韭菜分别包装（图 7-2）。

图 7-2　韭菜整理、打捆、装箱

新采摘的韭黄按等级收购后，先用机器冲洗掉枯叶，再人工清洗择菜；然后送入臭氧杀菌清洗机，该环节可除掉蔬菜中 80% 的农药残留；接下来进入风干线，将水分风干。然后整理、打捆、包装（图 7-3）。

图 7-3　韭黄风干、打捆、包装

三、装箱

包装箱（筐）要求大小一致、牢固，内壁及外表平整，木箱缝宽适当、均匀。包装容器应保持干燥、清洁、无污染。按同品种、同规格分别包装，每件包装的净含量一般不超过 10 千克，误差不超过 2%。临时贮存，在阴凉、通风、清洁、卫生的条件下。为防止韭菜失水萎蔫，需要采用塑料薄膜包装。每一包装上应标明产品名称、产品标准编号、商标、生产单位名称、详细地址、规格、净含量和包装日期等，标志上字迹清晰、完整、准确（图 7-4）。

图 7-4　韭菜包装箱

四、预冷

在日本，韭菜生产者家中一般都建有小型调温库房，韭菜包装后进行预冷，最佳设置温度为 5℃，此温度下韭菜包装袋内不结露水，品质可得到较长时间保持。

第二节　贮藏、运输及销售

一、贮藏

韭菜易腐烂，不耐贮藏，所以韭菜贮运保鲜的首要条件是低温，低温对抑制黄化和腐烂有明显的效果。临时存放，应按品种、规格分别堆码，保持通风散热，也可摊摆放置在阴凉湿润处，控制适当温湿度。短期贮存，可采用低温加塑料薄膜密封包装的形式。低温加塑料薄膜密封包装还可抑制韭菜的呼吸作用和减少营养损失。应将整理好的韭菜送入冷库菜架上摊开，经预冷至菜体温度接近 0℃时，装入 0.03~0.04 毫米厚的聚氯乙烯透湿袋中，摆放在冷库散架上，库房温度控制在 0±0.5℃，空气相对湿度保持在 85%~90%，可保鲜两个星期左右。

二、运输

韭菜采用 0℃低温加塑料袋密封包装措施是短期贮藏和运输的理想条件，但实际过程中还没有完善的冷链系统。如果是在较短途 6~12 小时内运输，可采用收获后迅速预冷（采后 24 小时内使菜体温度降至近 0℃），然后装袋（将预冷好的韭菜打捆，装入 0.015 毫米厚的聚乙烯膜袋内，扎口后装塑料箱或竹筐，也可采用同样厚度的薄膜垫衬在箱内或筐内，折叠覆盖，避免装得太满，压得太紧），最后用保冷车运输，车内温度应控制 0~3℃。

长距离运输，常采用保温车加冰的方法。先将韭菜装入塑料袋再放到竹筐里，在竹筐中央部位、塑料袋与塑料袋之间放一些冰块。在高帮敞车车厢底部先铺一层约 33 厘米厚的冰，上面码两层菜筐，再放一层冰，再码菜筐，再放冰。车帮内侧挂两层棉被，并在顶部互相搭接，上面再盖一层棉被。最长在 5~7 天内运抵销地。运输时做到轻装轻卸，严防机械损伤。运输工具要清洁、卫生、无污染、无杂物。销地可在 0~1℃的冷库中短期贮藏几天，货架销售期 1~2 天。

三、韭菜上市标准

　　植株鲜嫩粗壮、色泽正常、整齐洁净，不浸水、无抽薹、无腐烂、无黄叶、无杂质、无异味，无冻害、无病虫害、无机械伤，捆扎或用聚乙烯膜包装。

参考文献

刁品春, 沈光宏. 2012. 新形势下有机产品认证工作探讨 [J]. 农产品质量与安全 (6):21–24.

胡永军. 2011. 寿光菜农韭菜网室有机栽培技术 [M]. 北京 : 金盾出版社.

李春华, 李天纯, 李柯澄. 2013. 江苏沿海地区越冬大棚韭菜无公害高产栽培技术 [J]. 长江蔬菜 (3):29–31.

凌涛, 姚文萍, 陈世学. 2004. 韭菜栽培实用技术 [M]. 北京 : 中国农业出版社.

汪李平, 朱兴奇. 2013. 有机蔬菜病虫草害防治技术 [J]. 长江蔬菜 (2):3–8.

王召, 王秋, 赵然花, 等. 2013. 有机韭菜栽培中韭蛆的产生原因及防治 [J]. 长江蔬菜 (17):50–51.

王文娇, 张涛, 陈健美, 等. 2011. 韭菜农药残留现状及防控技术 [J]. 山东农业科学 (10):82–84.

吴永权, 王殿宏, 马建辉, 等. 2015. 韭黄露地覆盖栽培技术 [J]. 中国蔬菜 (8):83–85.

尹守恒, 刘宏敏. 2007. 韭菜 [M]. 郑州 : 河南科学技术出版社.

张肖红, 申颖, 苟艳丽, 等. 2015. 有机韭菜生产技术 [J]. 长江蔬菜 (8):44–45.

张建祥. 2012. 韭黄地窖囤栽技术 [J]. 北方园艺 (04):49–51.

赵明春, 赵智. 2011. 韭蛆绿色防控技术 [J]. 西北园艺 (09):38–39.

左士平, 杨小丽. 2004. 韭黄、韭菜、彩色韭菜无公害高效栽培技术 [M]. 郑州 : 中原农民出版社.